雑草社会がつくる日本らしい自然

根本正之㊕

①「日本らしい自然」の代表といえる田園の谷津田景観。二次林、水田、水田が日陰にならないよう林縁を刈り取ってできた裾刈り草地、畦道という緑の景観構成要素が境界で途切れることなく移り変わるのが日本らしさの特徴といえるだろう（千葉県大多喜町）

② 集落の鎮守の森は神聖な場所であるが、高い塀や壁によって周囲と隔てられていない。植林したスギ林は水田の畦を覆い、森から左右の水田へ連続的に植生が移り変わる。写真手前の定期的に草刈りされる田の畦にはいろいろな在来雑草が生えている（京都府宮津市）

③ 水田、農道と一体化した裾刈り草地。移行帯の裾刈り草地には秋の七草のススキ、クズ、オミナエシ、キキョウやワレモコウ、ツリガネニンジン、ヤマユリなどが顔を出し、植物多様性ホットスポットを形成している。昔はこのような場所が多かった（栃木県市貝町）

④春のチガヤ型堤防法面ではツクシが芽を出し、タチツボスミレやクサボケの花が色を添える（⑤～⑦とも千葉県柏市の利根川河川堤防）
⑤秋のチガヤ型堤防法面ではワレモコウ、ツリガネニンジン、ノビル、ナンテンハギなどが花を咲かせる。春とくらべ草丈の伸びる雑草の花が目立つようになる
⑥早春の河川堤防で群れて咲くアマナ（*Amana edulis*）。アマナの学名はかつては*Tulipa edulis*で、日本原産のチューリップとでもいうべき可愛らしい花を咲かせる。花茎が細く、周囲の雑草に寄りかかり、いじらしく白い花を咲かせている
⑦伝統的な畦畔や河川堤防のチガヤ型草地でよく見かけるキキョウ科の多年生雑草ツリガネニンジン
⑧チガヤ草地とため池。ため池の周辺には湿性雑草のミゾハギとガマ、池にはコウホネなどが生えて、緑が連続的に連なる日本らしい自然を演出している（広島県三原市）

⑨

⑨休耕田内に大群落を形成したベンケイソウ科のタコノアシ。タコノアシはよく見られた雑草だが、今では希少種になっている（広島県三原市）〔森川和彦撮影〕

⑩8〜9月になると花や実がびっしり並んで、吸盤の多いタコの足を連想させる花を咲かせる（広島県三原市）〔森川和彦撮影〕

⑪水田に隣接するため池で秋になると可憐な白い花を咲かせるスイレン科スイレン属のヒツジグサ。ヒツジグサと混在しているのはフトイ（広島県三原市）〔森川和彦撮影〕

⑫水田の周辺など日当たりのよい、やや湿った場所で7～9月に花を咲かせるタヌキマメ。最近はあまり見かけなくなった。萼《がく》に包まれた豆果を、あるいは花を正面から見た様をタヌキに見立てたという（栃木県市貝町）

⑬白い絹毛をつけた多数の花序《かじょ》を出したチガヤ草原。年間2～3回草刈りを行うとワレモコウ、ツリガネニンジン、ノアザミなど多くの在来植物が共存可能な群落になる（静岡県御殿場市）〔木村保夫撮影〕

⑭やや乾いた草原で特徴的な瑠璃色の花を8～10月に咲かせるキク科のヒゴタイ。大陸とまだ陸続きだったころ入ってきた植物の一つ。現在は国指定の絶滅危惧IB類の希少種である（熊本県阿蘇高原）〔田辺春陽撮影〕

⑮荒川区立汐入小学校の5年生が隅田川のスーパー堤防法面に苗を植えつけた荒川上流産のカワラナデシコが開花した。後ろに見えているのは東京スカイツリー（東京都荒川区）［汐入小学校提供］

⑯

⑰

⑱

⑯八ヶ岳山麓の疎林など比較的自然の残っている場所に侵入し問題になっている特定外来生物のオオハンゴンソウ［市谷優太撮影］
⑰⑱都会の日当たりのよい道端で、昔懐かしい在来種のネジバナ（⑰）やエノコログサ（⑱）を見つけほっとするのは私だけだろうか［田辺春陽撮影］

⑲国営昭和記念公園のタンポポ地図（2005年4月）
昭和記念公園にはかなり在来のカントウタンポポが残っているが、カントウタンポポ群落の中に雑種タンポポが侵入しつつある。公園内の草地には未だにカントウタンポポが多いが、駐車場など人工地盤の周辺には雑種タンポポがほかとかけ離れて多い〔小瀬憲人、修士論文より〕

はじめに

雑草といわれる草、とりわけ夏草は、十分な降雨と温暖な気候に恵まれた日本列島では驚くほど成長が早く、あっという間にあたり一面を覆いつくします。ですから作物の栽培が開始されてこの方、私たちの祖先と雑草との果てしない戦いが続いてきました。そんななか、江戸時代の篤農家といわれる人々は土の中で雑草が芽を出す時期を察知して、まだ姿を現す前に畑の表面を少し耕すことで雑草の幼芽と幼根を切断してしまうという、その生態を熟知していなければとうていなしえない技をもっていました。たゆまぬ努力なしには勝ちえないこの雑草との戦いが、勤勉な日本人の性格形成に一役かっているともいわれています。

現代の日本人と雑草はどのような関係にあるのでしょうか。

農業を生業としている人にとって雑草は、作物の敵と見なされる場合が多いでしょう。作物の出来に影響する雑草は根絶の対象であり、そして雑草取りは重労働だからです。今は、環境に対する影響をできるだけ少なくした除草剤の開発と、その適切な使用によって、雑草取りから大きく解放されましたが、それでも雑草対策が完璧になったわけではありません。でも後述するように、除草剤によってすべての雑草をなくすことは、作物にとって決してよいことばかりではないということもわかってきました。
雑草が日々の生活と大きなかかわりをもたなくなった都会人はどうでしょう。雑草に関心がない人が多いようですが、なかには道路脇や庭などに雑草が生えてくることをかなり気にかけている人もいます。

庭や田畑や空き地や土手に自然に生えてくる草を、私たちは「雑草」と呼んでいます。実にさまざまな草が生えてくるので、まとめて雑草というわけです。ところが「雑」という文字には、いろいろなものがひとところに集まって入り混じるという意味のほか、「乱雑」「雑然」などのようにごたごたしていてきちんと整っていないという意味でも使うので、雑草には疎ましい草というイメージがつきまとうようです。

ですが、日本人はすべての雑草を目のかたきにしていたわけではありません。例えば春の道端を緑に染める七草のナズナ、ハハコグサ（ごぎょう）、ハコベ（はこべら）、土手の斜面で芽を出すヨモギやツクシ（スギナの胞子茎）、そんな片隅で可憐な花を咲かせるスミレ、秋のイヌタデの赤い花、ススキの風でなびく穂などはひと昔前はこよなく愛されていた雑草で、利用していたものも多く、季節を感じたり、私が考える「日本らしい自然」の風景に欠くことのできないものだと考えています。

今は嫌われることの多い雑草に焦点を当て、古来日本人が身近に感じてきた日本らしい自然を再生したい、多くの人にその美しさを再発見してほしい、というのが本書を著した動機です。そのために、まずは雑草という生き物の生きざまを観察することが何より大切になってきます。

雑草の生きざまを知るためには少し工夫が必要です。

まずは関心のある雑草の押し葉（腊葉《さくよう》）をつくって姿・形をよく観察し、正しい名前を覚えることが大切です。雑草観察に役立つ図鑑があるとはいえ、一人で正しい名前を探しあてるまでにはかなりの経験と根気がいります。そこで初心者は、自然観察会などで雑草の名前をよく知っている人から何度もそのいわれや人間とのかかわりを聞き、自分でも五感を使って接触し、そのイメージを少しずつ自分のものにしていくのが現実的でしょう。

雑草の種類を区別できるようになると、野外で雑草を見るのが楽しくなってきます。しかし、それだけでは雑草を知りつくしたことにはなりません。歩道や石垣の小さな隙間に生えてくる雑草を除けば、たった一種類だけが生えていることは稀で、いろいろな種類の雑草が互いに関係しながら生活しているからです。そして、雑草たちは、人間による草刈りや踏みつけ、除草剤の散布などを忠実に反映した社会を築き上げていることがわかります。いろいろな種類の雑草が陣取り合戦の結果、それぞれのふさわしい場所に陣地を築き上げ、雑草の社会ができています（雑草社会は、英語では weed community、ドイツ語では Unkraut Gesellchaft で、いずれも「社会」ですが、日本の生態学では「雑草群落」というのが一般的です）。

人が立ち入る前の日本アルプスのお花畑や尾瀬の湿原など原生自然に生えている植物たちの社会と

は異なり、雑草の社会は大なり小なり人の手が加わる、あるいは加わったことのある場所に形成されます。尾瀬ヶ原には毎年多くの登山客が訪れるようになったので、山小屋や休憩地の周辺は登山客でにぎわいます。そのため、それまで見られなかったオオバコなど踏みつけに強い雑草の社会が出現しました。また、縄文時代の遺跡からツユクサ、タデ、アカザなどの種子が見つかることがあり、縄文時代の集落の周辺にこのような雑草が生えていたと考えられています。

このように、雑草社会と日本人は稲作が始まる以前から切っても切れない関係にありましたが、現代の日本人は厄介者と感じることが多いようです。とくに近年は、田畑の雑草社会より、都市の緑地や道路の法面、河川堤防など非農耕地といわれる場所の雑草社会が問題視されることが多いようです。

その原因の一つは、日本列島の大改造の過程で出現した広大な裸地や空き地に、セイタカアワダチソウ、ブタクサ、最近はオオブタクサやアレチウリなど、昔の日本にはなかった多くの外来雑草が繁茂したこと。二つめは、クズ（家畜の飼草、食用、繊維、薬）、ススキ（屋根ふき材、飼草）、チガヤ（屋根ふき材、飼草、薬）、ヨモギ（食用、薬）など、日常生活に欠くことのできなかった在来雑草が、輸入飼料や繊維などの合成有機化合物や工業製品に置き換わられ、利用されなくなったことにあるのではないでしょうか。これらの在来雑草は、刈り取って利用しなくなると大繁茂して、見苦しい景観をつくることがあります。

雑草社会を私たちの敵にまわすか味方につけるかは、雑草社会やその構成員である個々の植物種と私たちとのつき合い方によって決まってきます。

私は長い間、世界の沙漠化問題を研究していたので、大草原の広がる半乾燥地域で、高度成長時代の列島改造のようなことをすれば、たちまちそこが緑を欠く沙漠化土地になることを何度も経験してきました。幸い温暖で湿潤なモンスーン地帯の日本では、沙漠化土地になるのではなく、緑豊かな雑草の社会が形成されます。

そして、つき合い方次第で、そこは万葉歌人が愛でたカワラナデシコ、オミナエシ、キキョウが咲く、多くの人がしばし忘れていた日本らしい魅力ある雑草社会になるのです。

本書では雑草と人間を対立的にとらえるのではなく、雑草と人間の双方の立場にたって、両者の調和と融合をはかるにはどうしたらよいかを考えたいと思います。雑草社会の仕組みを正しく理解したうえで、雑草と共存するという姿勢をもてば、都会のわずかな空き地でも日本らしい自然が出現するし、自分たちの手で日本らしい自然を復元することができる――そんな楽しいことはないのではないでしょうか。

最近、森の国といわれる日本にも、戦前まで私たちが予想していた以上の草原が広がっていたこと[1]や、そこでの祖先たちと草とのかかわり合い[2]など日本の草原や草についての解説書や、雑草とどうつき合っていけばいいのかを解説した実用書[3]が相次いで出版されました。

本書では、雑草という草に焦点を当てつつ雑草社会の仕組みを正しく理解し、日本らしい自然とは何か、また身近なところから日本らしい自然を再生するにはどうしたらよいかを考えてみたいと思います。

第1章では日本人が親しんできた自然、私が考える「日本らしい自然」について考察し、雑草について知るために、第2章では人間と雑草のかかわり、第3章では雑草社会の仕組みについて、最新の知見をもとに解説します。第4章は外来雑草の生態と問題点について述べ、第5章では、日本らしい自然を再生するために始動しているプロジェクト——隅田川のスーパー堤防で小学五年生が取り組んでいるノアザミやカワラナデシコなど在来植物の植えつけによる昔懐かしい雑草社会の再生など、具体的な事例についていくつか紹介します。

鮮やかに咲き乱れる園芸種は確かに人目をひいて美しい。でも、目立たない雑草やそれらがつくる風景にも、古来日本人が愛でてきた美しさがあります。その美しさを再発見してほしい、身近に触れられる場所が増えてほしいと切実に願っています。本書がその一助になれば幸いです。

目次

第3章　雑草社会の仕組みを探る

第5章　雑草で再生する日本らしい自然（実践例）

第1章　日本人と雑草

1　「日本らしい自然」とは

二つの自然

南北につらなる日本列島をつつみこんでいる緑の自然（広義）は、人間とのかかわり合いの違いから二つに分けることができます。

一つめは狭義の自然であり、人間の影響を受けることのない自然です。国土の大半が温暖で多雨という気候条件の日本では、北から常緑針葉樹林、夏緑林《かりょくりん》、照葉樹林とその大部分は森林であり、草原は高山帯、海岸、河川などにわずかに分布しているにすぎません（**図1―1**）。

二つめは人間の影響を受けた自然で、クヌギやコナラ林、マツ林、タケ林など二次林と呼ばれる林地のほか、戦前は水田面積を上まわる国土の約一一％を占めたススキやオギやチガヤが優占する萱場、

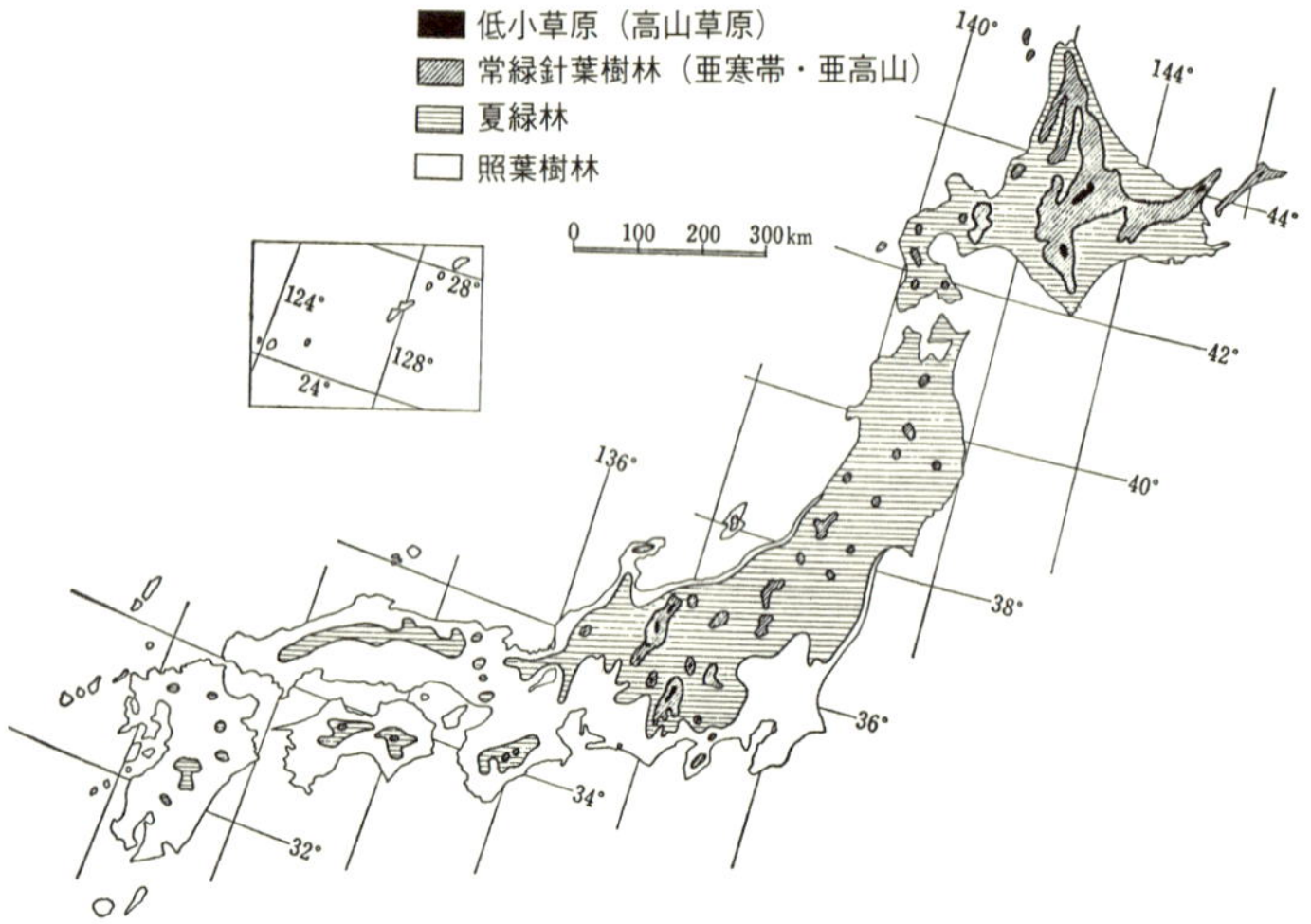

図1-1　日本の植生分布

北から常緑針葉樹林、夏緑林、照葉樹林と大部分は森林で、草原は高山帯、海岸、河川などにわずかに分布しているにすぎない

（矢野悟道編『日本の植生』東海大学出版会より）

シバに全面覆われた牧、河川の土手などの草原です。このような草原は雑草が生える空間でもありますが、現在その面積は国土のわずか一％にすぎません。

二番目の自然は、一番目の自然に人間が何らかの手を加えることによってできたもので、それをイギリスの初代生態学会長だったタンスレー博士は「半自然（semi-natural）」と名づけました。

彼は半自然を「自然に発生してきた植物群落が、人間や家畜の力によって部分的な影響を受けたり、著しく修正されたりした場合」と定義しました。残り半分は人工的なのですから〝半人工〟でもよさそうですが、そういういい方はありません。まだ半分は自然が残っていることを強調したかったのでしょう。

表１-１　人間とのかかわり合いと生育地から見た雑草とその仲間たち

生態系のタイプ／生育地	自然	半自然	人工
自然分布域内（在来植物）	山草、野草	**人里植物**	**耕地雑草**
自然分布域外（外来植物）	自然の生態系の中に入りこんでいる外来植物	**人里植物のうちの帰化（外来）雑草**	**帰化（外来）雑草**

（注）［網掛け］内が広義の雑草で、本書が主として取り扱う植物

雑草社会はどこで成立するか

では雑草たちの社会はどんな自然につくられるのでしょうか。

本書では、これから登場する「雑草」という草を、「はじめに」に記したように、「庭や田畑や空き地や土手に自然に生えてくる草」と定義します。

雑草を含む草本植物がどんな場所に生えているのか、自然、半自然、人工に分けて横軸に、その草がどこからやって来たのかを縦軸にとって整理したのが**表１-１**です。昔はほとんど問題にならなかったのですが、近年はいろいろな機会に外国から、あるいは国内でも自然の分布域外の土地から持ちこまれる外来植物（帰化植物の場合は国外からに限る）が、人手の入った場所に出現する草本植物の主流になってきました。

一方、自然生態系内には外来植物は見られないといわれていますが、最近はオオハンゴンソウが国立公園内に、外来のオオバナイトタヌキモやモウセンゴケの仲間が湿原にというように、比較的自然の残っている場所に侵入し問題化しています。

本書の雑草の定義では、庭や田畑という人工的空間と、空き

地や土手という半自然的空間が雑草社会の成立する場所です。つまり本書では人里植物を含む広義の雑草と、外国から持ちこまれたのち、野生化して繁殖している帰化（外来）植物も、その場所が人工的か半自然的な空間ならばこれも雑草と呼ぶことにします。

人工、半自然のどちらも日本人が馴れ親しんできた場所に変わりはありません。しかし人工的空間の緑の主人公は、イネやムギなどの作物や園芸草花、造園樹木など、人間によって積極的に持ちこまれたものであり、日本の自然とはかなりかけ離れた空間です。そこでこの章では私たちにとって身近な半自然という「自然」の中の雑草社会についてお話ししたいと思います。

半自然と日本らしい景色

私は「日本らしい自然」を、「アジアモンスーン地帯の東の縁につらなる列島という地域と、そこに古代から住みつき自然と共存してきた日本人とのあいだにかもしだされた特性[1]」と定義しました。自然をねじ伏せるような人為的攪乱や、逆に人為的攪乱がまったく加わらなくなった場所では日本らしさが失われると考えました。

図1-2、**図1-3**は北関東、宇都宮市近在の谷津田の秋の風景を写したもので、**図1-3**は**図1-2**の一部を拡大したものです。関東平野ならよくある地形で、それは地形の特徴をうまく利用した水田、畦道、林縁を刈ってできた裾刈り草地、クリなどの落葉樹林から構成された谷津田生態系です。山田晋らは、谷津田に接する斜面の下端にあって、林縁の刈り取りによって生じた草地を「裾刈り草地」

図1–2（上）
谷津田の秋の風景
地形の特徴を利用した水田、畦道、裾刈り草地、落葉樹林から構成されている

図1–3（下）
「日本らしい自然」の特徴
水田、畦道、裾刈り草地などという生態系の構成要素の境が明確でなく、連続的に変化していることである

と定義しましたが[2]、それは「日本らしい自然」の重要な特徴なのです。

地形に対応して土地の管理や利用法が異なるだけでなく、**図1-3**に示したように生態系を構成する要素の連続的な変化に、「日本らしい自然」の最大の特徴を見出すことができます。決して日本庭園のように隅々まで手入れが行き届いているわけではありませんが、そのことが多くの在来草本植物を同じ生態系内で共存可能にしているのです。

西欧にくらべて日本の在来草本植物は種類が多いだけでなく、それらの生活史は微妙に違います。その多くの種を包含するために人間による撹乱の微妙な違いが一役かっているのです。農家がある程度余裕をもたせた、ほどよい管理をしてきた結果、「日本らしい自然」が保たれてきたといえるでしょう。例えば秋の七草のカワラナデシコが七月末から一〇月中旬ごろまで咲きつづけるのは、その間に行われる草刈りの日時や刈り高が同じではないためです。刈り取り時期はその後の再生芽の伸長に影響し、開花時期がずれる結果、谷津田全体で見れば長期間花が咲きつづけるわけです。

裾刈り草地は落葉樹林と畦道の移行帯（エコトーン）と呼ばれ、最も種の多様性に富んだ場所です。そして落葉樹林に近い側の草地から、ヤマユリ、キキョウ、ワレモコウがよく頭を出して開花します。裾刈り草地の中でもカワラナデシコやオミナエシは畦道に近い側によく見られます。暗ければオミナエシは相当、徒長しますが、カワラナデシコ、畦道のオオジシバリやシバは耐陰性に乏しく、少しでも上部を覆われると急速に成長が抑制されます。一方、ススキやチガヤの優占は後述するように刈り取りの回数や高さが大きく影響してきます。

半自然には、台風、洪水、野火、火山噴火などの自然的な攪乱に加え、草刈り、火入れ、踏みつけ、家畜の放牧、除草剤や殺虫剤の散布など、人為的な攪乱がたえず加わります。そのため半自然の生き物たちは、攪乱による生活環境の時間的な変動と空間的な不均一性の影響を強く受けます。このような半自然と、私たち日本人が調和し共存するかたちで接しているのなら、そこには「日本らしい自然」が出現するはずです。

ところで、「日本らしい自然」という言葉を聞いて、どのようなことをイメージするでしょうか。それが知りたくて私が教える「緑地生態学」を受講していた一〇〇人近くの大学生に、そのイメージを綴ってもらうことにしました。

学生のレポートからは、私が必須条件と考えていた「日本らしさ」に求められる「歴史性」を無視する者が少なからずいる、という興味ある結果が得られました。なかには「今私が思い浮かべている日本らしい自然は、私という日本人が思っているから日本らしい」とか、「日本のものではなくても日本になじんでいたり、現在の日本の自然を形成しているもの」であれば、それは日本らしい自然と見なされる、と記したものがありました。もっと具体的に「帰化雑草」の生える自然は日本の自然ではないが、日本らしい自然ではあるという答えも返ってきました。

これらのレポートから、「日本らしい自然」というのは、少なくとも大学生たちの間では共通認識になっていないことが推察されました。

日本らしさをつくり出すのはそこに住む日本人の心であり、生き方であることに違いないでしょう。

しかしそうなると、①身近な自然は里地や里山しかなかった昔の日本人や、今でも昔ながらの緑が残っている地方で生まれ育った日本人の「日本らしい自然」と、②都会で生まれ育った人が連想する「日本らしい自然」ではその実体が非常に異なる場合も出てくるでしょう。

昔の里山や里地的な景観は、農民と自然とのほどよい共存が長い間続いていた日本の代表的な半自然です。つまり、①の環境で育った人の日本らしさは歴史性に裏打ちされていて、私の定義した日本らしさと一致します。②の現代の都会人は、著名なデザイナーの発想で緑化されたビルの屋上や壁面、あるいは都市公園の花壇の緑や草花に日々馴れ親しむことによって癒され、それが「日本らしい自然」として心の中に刷りこまれることも多いでしょう。でもその緑と都会人は共存しているとはいいがたいのです。なぜなら対象となる緑の大半が人間によって持ちこまれた外来（帰化）植物だからです。都会人と緑の関係は、都会人は利益を得るが、持ちこまれた緑は利害と関係がない、片利共生的なものだからです。

2 和辻哲郎の風土論と日本的景観

世界の三つの風土と景観

和辻哲郎は風土を、ある土地の気候、気象、地質、地味、地形、景観などの総称としてとらえ、風土と人間との長い歴史的なかかわり合いにおいて風土性が発揮されると考えました[3]。だとすれば、日本的な風土性のうちに日本らしさは表現されるでしょう。彼は世界の風土を気候の乾・湿をベースに、モンスーン、沙漠、牧場の三類型に分け、自然と人間とのかかわりを論じました。そして、モンスーン的風土にある日本は、台風や大雪など突発的な気象をともなう四季おりおりの季節変化に特徴があると考えたのです。その大地は夏になればイネと夏草に覆われ、冬にはムギと冬草に覆われるという、

図1-4　牧場的風土（イギリス南部）
放牧地、採草地、耕作地、集落など景観の構成要素の単位が明瞭。家畜は囲われた放牧地で飼育される

季節のうつろいによって日本らしさが発揮されるのです。

和辻の三つの風土類型の景観的な特色をもう少し詳しく見ていきましょう。

私はこれまで何度も、牧場的風土のイギリス南部（図1－4）、沙漠的風土になりつつある中国東北部の沙漠化地帯（図1－5）、そして日本のモンスーン的風土を代表する谷津田や里山（図1－2、図1－3）で、野外調査や試験を行ってきました。昔の調査フィールドを思い起こしながら三者の景観

図1－5　沙漠的風土（中国東北部）
どこまでも囲まれることなく広がる乾燥した単一の風景。大草原の一画をトラクターで帯状に耕してつくった即席の耕作地（上）。家畜は遊牧により飼育している（下）

的な差異について考えてみることにしましょう。

イギリス南部の田園地帯にはヒツジやウシのための牧草地や採草地と、コムギ畑などの耕作地が混在し、その中に集落が点在しています。その境は必ずといっていいほど生け垣（hedge）や石垣、有刺鉄線で仕切られています。イギリス人は田園を散策するのが好きですが、小路の途中、至るところで仕切られているので踏み越し段（stile）（**図1－6**）をまたがないと先に進めません。写真からもわかるとおり、牧場的風土では、放牧地、採草地、耕作地、集落などの景観を構成する要素の単位性が明瞭です。各要素は半閉鎖的な生態系としてとらえやすく、生態学者でなくても、断片（patch）、回廊（corridor）、基盤（matrix）に分けて景観を論じたくなるでしょう。

図1－6　踏み越し段
イギリスの田園地帯は垣根や石垣などで区切られているので、至るところに踏み越し段が設けられている

乾燥によって特色づけられる沙漠的風土は、住むもののない死の世界です。とうてい人間が生活しえない場所です。沙漠的風土の影響を受けるのは、迫りくる沙漠と対峙しなければならない沙漠周辺の半乾燥地の民です。彼らも牧場的風土の民と同じく家畜生産を生業としていますが、その方法は異なり、どこまでも広がった囲まれることのない大草原を舞台に遊牧によってメン

ヨウ、ウマ、ラクダを飼っていて、定住することなく草を求めて移りまわっています。

現在、中国北東部の沙漠地帯では、教育や医療の向上を促進するため中国政府による定住化政策が進められています。ところがその結果、家畜の群れがひとところに集中しやすくなり、沙漠化が進行しているのです。沼の近くなどの水辺にも家畜は集まりやすいのですが、湿っているので沙漠化することはありません。そこには匂いの強い草や有害植物ばかりが生えています（第5章図5−1）。

広大な草原は起伏が少ないのでトラクターによって耕し、施肥して作物の種子を播けば即席の耕地ができあがります（図1−5上）。しかし、冬になれば作物はないし、乾燥が著しいため表土を覆うほどの冬草も発生しません。西風が吹けば、防風林がないので瞬く間に表土が失われ、沙漠化土地となってしまいます。

連続性にある日本の景観の特色

三つめの伝統的な谷津田や里山は、モンスーン的風土が生んだ日本らしい景観です。

私たちの祖先は、豊富な生き物を育んできた複雑な地形を大きく改変することなく受け入れ、上手に利用し、稲作中心の農業を営み、労役用の家畜を飼育してきました。その結果、刈り取りや火入れなどの攪乱の仕方に応じて、雑草社会は複雑に変化しました。そこでは上述したように景観の各要素が独立的に存在するというよりは、その連続性に特色があったのです（口絵①②③、図1−2）。そして、この半自然では、各要素間のエコトーンで、双方から構成種が侵入してくるため植物の多様性が増大します。

ちなみに、家畜は食肉生産のためではなく労役用として飼われていたので、牧場や沙漠的風土にくらべれば、飼養頭数ははるかに少なかったのです。労役用家畜のための牧は存在しても、家畜飼育の方法はもっぱら繋牧《けいぼく》と舎飼《しゃが》いでした。動物性タンパク質の需要増大にともなって、外来牧草を播きつけた人工草地の造成と、乳牛の著しい育成と増殖が始まったのは戦後のことです。

ところが一九六〇年代以降、日本の田園は、大規模な都市開発や水田の構造改善事業によって大きく様変わりしました。都市の人工的な空間にとどまらず、水田の中までコンクリート製の水路や畦が出現し、畦道はアスファルト舗装されたのです。それぞれの景観要素はコンクリートによって仕切られ、生き物の豊富だったエコトーンは消滅しました。畦の土手が残っていても、除草剤散布の後は特定の雑草が繁茂するにすぎません。近年はコメの生産調整による水田の休耕や、輸入材に太刀打ちできない人工林の管理不足によって、そこが本来の人手の入らない自然に戻る過程で見られる雑然とした藪となり、日本らしい自然とはほど遠い景観が増えています。

以上の三つの風土を形成する景観の特色を際立たせるものとして、後述する雑草の生え方のほかに、家畜の飼養形態が大きく関与していることを指摘したいと思います。放牧中心の牧場的風土では囲いこみによる景観要素の単位性が特色となり、同じく家畜生産を家業とする沙漠的風土は、どこまでも広がった草原を利用した開放的な遊牧によって特色づけられるでしょう。食肉生産をともなわなかったモンスーン的風土では家畜飼育は景観の主体とならず、複雑な地形ときめ細かな土地利用を反映した景観要素の連続性に特色を見てとることができるのです。

3　日本人の雑草観

雑草天国・日本

和辻からの指摘を待つまでもなく、夏の暑さと湿気の結合を特色とするモンスーン的風土は、雑草わけても夏草の天国です。一方、暑くても夏が乾燥するヨーロッパ諸国は雑草にとって住みにくい土地でしょう。

「ヨーロッパには雑草がない」という京都帝国大学農学部の大槻正男教授の啓示によって、その風土的特性をつかみはじめたと、和辻は『風土―人間学的考察』[3]の中で述べています。そこで彼は、「家畜にとって栄養価値のない、しかも繁殖力のきわめて旺盛な、したがって牧草を駆逐する力を持った、種々の草」を雑草と定義しました。夏草といわれるものはまさにこの雑草であるといっています。

私自身十分観察したわけではありませんが、ヨーロッパでは夏に雑草が芽生えないというのは少しおおげさでしょう。和辻も、ローマ郊外の平野では、細い弱々しい姿の雑草がまばらに生えることを認めています。

和辻が『風土』の中で、ヨーロッパの牧場的風土では雑草との戦いは不必要であると述べたことはよく知られています。しかし加用信文[4]が指摘したように、ローマ文芸の代表作とされる『農耕詩』の中で、ウェルギリウスは「もし畑に生えてくるアザミ、ハマビシ、ドクムギをまぐわで取り除かなければ豊かな収穫は望めない」といっているし、一二世紀に出たイギリス最古の農書にもアザミの防除法が記されていることからも、ヨーロッパの牧場的風土で雑草は作物の敵でなかったという和辻の見解は誤りであったといわざるをえないでしょう。

除草剤が開発されるまで、日本の農業労働の核心は草取りでした。それを怠ると田畑はたちまち荒れ地へと姿を変えてしまいます。夏草の伸びが最高に達するのは八月中旬の土用のころですから、作物を守るための戦いは暑熱との戦いでもあったのです。除草剤の普及で草取りがずいぶんと楽になりましたが、今でも日本が雑草天国であることに変わりありません。

日本人が雑草からイメージすること

戦後、家畜の飼料とか、道路の法面緑化用の資材として導入したホソムギやネズミムギなどの牧草や、ワイルドフラワー（第４章参照）などから逸出《いっしゅつ》した外来雑草は、全国各地で今も生育地を拡大しつづけています。

初夏に黄色の日立つ花を咲かせるオオキンケイギク（第４章図４－８）は、容易に繁殖でき、やせ地、放植にも耐え、美しい花を開花させるというワイルドフラワー的性質をもつ植物の優等生です。

図1−7　ヒメツルソバ
かわいらしい花を咲かせるが、どんどん増えて問題化している
（提供／曳地トシ氏）

ところがその容易に繁殖するという特性から、二〇〇五年六月以降は外来生物法で栽培禁止の対象となる特定外来生物に指定されてしまいました。雑草問題に拍車をかけているのは世界の各地から続々と入ってきたヒメツルソバ（図1−7）やナガミヒナゲシ（第4章図4−3）などです。

　ところで、雑草の絶えてなくならない、そんな風土で暮らす日本人は雑草たちとどんな気持ちで接しているのでしょうか。草花園芸に関心のある成人学校の皆さんに雑草に対してもつイメージをアンケートによって答えてもらいました。

　雑草天国の住人の雑草観は、少なからず雑草の生命力の強さに対する驚きから始まります。そして、彼らが育てている草花と雑草との関係をどのようにとらえるかによって、それは少しずつ変化します。雑草を徹底的に嫌う者から、その可憐さを評価する者までさまざまです。

　嫌う理由は、育てている草花や作物の敵であることと、草取りの大変さです。また、特定の外来雑草、例えばセイタカアワダチソウがはびこることで繁殖力の劣る在来植物が排除されるというものもありました。その結果、日本らしい景観と植物の多様性が失われることを含んでいます。

好まれる理由は、その可憐な花によって癒されるというものです。ナズナやセイバンモロコシを花器に生けて楽しんでいる人もいました（**図１−８**）。作家の水上勉も、軽井沢の家で大きな備前の壺にハルジオンをたくさん生けて玄関に飾っていたそうです。

弥生時代以前から中世までの雑草観

本書で「庭や田畑や空き地や土手に自然に生えてくる草」と定義した雑草は、取る（抜く）、除草剤を散布する、刈る、火をつけるなど、人間による撹乱を受けています。撹乱とは枯殺したり、成長を抑えるという、雑草にとってマイナスの影響ですが、人間とのかかわり合いには雑草を積極的に保護したり利用するという関係も存在します。

図１−８　雑草を花器に生けて楽しむ
生けてあるのは空き地などによく生えているナズナ（提供／塩崎園子氏）

雑草に対する撹乱や保護の形態やその程度、また対象となる雑草の種類は、時代とともにいろいろ変わりました。したがって日本人の雑草観も時代とともにかなり変遷したと思われます。

イネの栽培が始まる弥生時代以前は、火入れした跡地にソバ、ヒエ、アワなどの雑穀を三〜四年栽培し、その後は放置、草木の繁茂にまかせるという焼畑でした。雑草の生えない裸地を持続させる必要のない焼畑では、水田のようにきめ細かな草取りは必要ありません。雑草といわれるものの中には食糧や日用品、生薬として利用したものもかなりあったでしょう。

イネの栽培が始まって、すでに五〜六世紀には、タイヌビエなどの水田雑草よりもイネの初期成長を有利にする目的で田植えが行われていたので、種子から栽培する畑地にくらべれば水田の雑草の害はかなり軽減されていたはずです。

中世になれば、役牛や軍馬の頭数も増えてくるため、牛馬の飼草が必要になります。京都近郊の荘園では草畠（畑）が畠の一種として認められ、刈られた雑草が京に供給されていました。草刈りを仕事とする草刈童といわれる子どもたちもいました。地に這いつくばるように腰を深く折り曲げ、朝から夕まで草を刈り、さらにそれを束ねるのは苛酷な労働です。刈られた雑草の中には、スギナのように現在では果樹園の強害雑草にすぎませんが、馬の好物であり、その胞子茎であるツクシのように誰もがつんだ経験のある草も含まれます。

年中行事にも雑草はつきものでした。桃の節句に食べる草餅にはヨモギ餅のほか、強い匂いで邪気をはらうハハコグサを混ぜた餅もありました。青紫色の花を咲かせるツユクサとか赤褐色のアカネの根は染料であり、クズの根は食用として、その茎はロープ代わりに利用しました。雑草は日々の生活の必需品であり、ヘクソカズラのように忌み嫌われるはずの雑草にも、その清楚な白と薄ピンクの花に由来するサオトメバナという別名があるくらいです。

江戸時代の食糧増産作戦と雑草

時代も下って徳川の世になると、国が安定した半面、諸藩の大名たちは領地を拡大できないので開墾する土地も限られてきます。そうなると食糧増産の手だては、単位土地面積当たりの作物収量を増やすしか方法がありません。収量を増やすためには栽培法を改善する必要があり、多くの農書が出まわるようになります。日本初の農書である『農業全書』を宮崎安貞は元禄一〇（一六九七）年に著しました。その中、「農事総論」には、「上の農人ハ、草のいまだ目に見えざるに中うちし芸《くさぎ》り、中の農人ハ見えて後芸る也。見えて後も芸らざるを下の農人とす。是土地の咎人なり」と書いてあります。農民の勤労精神を鼓舞したわけです。

作物の収量を増やすには土壌の改良や施肥だけでなく、作物を雑草、害虫、病原菌から保護しなければなりません。しかし合成農薬などなかった当時、十分な殺虫や除菌は不可能でした。人間の労働だけで作物を保護できるのは、草取りによって雑草から守ることしかありませんでした。だからこそ安貞は、草取りの重要性を訴えたのでしょう。それも取った雑草をむだにしたわけではありません。緑肥の材料としました。もちろん田畑の雑草だけでは間に合いませんから、近くの里山から雑草（人里植物）を刈って、それと人糞や油粕、骨粉を混ぜ、田畑に施したのです。

研究の対象にならなかった雑草

『農業全書』はじめ多くの農書には「雑草」という言葉は出てきません。それらの中で「草」といわれているのが雑草です。雑草という言葉は、小西篤好の『農業余話』（一八二八年）の中で使われたのがはじめてのようです。江戸時代の後期から明治時代の初期に、「草」に代わって「雑草」がよく使われるようになりました。この雑草という言葉には、①種々の草、雑多な草と、②厄介な草、わずらわしい草という、二通りの解釈があります。そして近代になると「草」は、役立つ草としての牧草や飼草や薬草と、役立たずでじゃまになる雑草に区別されて使われるようになりました。

ヨーロッパとくらべ、はるかに雑草の多い日本ですが、戦前から害虫学や植物病理学の研究室はあっても、雑草の研究室は一九七四（昭和四九）年、京都大学農学部に植木邦和教授によって雑草学研究室が新設されるまで大学にはありませんでした。雑草の生態や防除の研究は戦後、アメリカから2,4-Dという除草剤が導入されるまで行われていませんでした。

ところで、日本で雑草学を体系化した不朽の名著『雑草學　全』が、北海道大学の半澤洵教授によって著されたのは一九一〇（明治四三）年です。半澤教授の卓越した見識と博識には頭が下がりますが、実は彼は雑草研究の専門家ではありません。納豆の研究などで大変有名な応用菌学者だったのです。

草取りが苛酷な労働であることは認めても、雑草は農民がひたすら取ればよいのであって、学問・研究の対象ではないと考える研究者が多かったといわれています。

大人と子どもの雑草観

このように見てくると、日本人が雑草を非常に嫌うようになったのは、集約的な農業が始まった江戸時代以降だったと思われます。本書で定義した広義の雑草の中には、私たちの祖先と共存してきた親しみのもてるものも多かったのです。

日本はイギリスとならんで家紋が発達しており、天文地理、動物、植物、建造物や幾何学文様などいろいろあります。そのうち植物の家紋としては、十六菊のほか、葉の形に特徴がある雑草、カタバミ、オモダカ、ツタなどがあります。いずれもかなり厄介な雑草だったと思いますが、ただ忌み嫌っていたわけではないようです。雑草を敵と考える大人は、モンスーン的風土を謳歌する雑草の一面をとらえているにすぎません。

大人と子どもで雑草観が違うことは『野草雑記・野鳥雑記』(5)の中で柳田国男が指摘しています。彼は雑草という小さな自然に名を与える事業には、児童が誰よりも多くの興味をもって参加していると考えました。子どもたちはその形が一風変わったものに関心があり、雑草を遊びの対象としてとらえています。家の周辺や庭によく見られるカタバミは、大人にとってはとても抜きづらい強害雑草です。でも、子どもたちにとっては、葉の珍しい形と、キュウリのような形でちょっと触れればはじける実から大変興味のある雑草になるのです。

そして、たえず人間と何らかの交渉をもつ雑草は、方言の数も多くなるようです。例えばカタバミには、ミツバ、カネコグサ、コガネグサ、トンボグサ、チョンガラ、メノクスイ、ゼンミガキ、スズメノハカマ、ツンツングサなど非常に多くの方言があります。

4　都市の緑と野草花壇

日本の都市の緑の現状

日本の都市は欧米の都市にくらべ、緑を構成している植物の種類がかなり多いと思います。都市の緑といえば、造園家が計画的に植栽した公園の樹木、花壇の草花、広場の芝生あるいは大通りのイチョウやカエデやケヤキといった街路樹、植桝のサツキやドウダンツツジなどの灌木を思い浮かべることでしょう。日本は欧米と比較して都市に占める公園の割合は小さいのですが、最近は花壇や容器に園芸草花を植えて生活環境を演出するガーデニングが都市の家庭に普及したこともあり、花屋の店先やホームセンターの園芸売り場には消費者のニーズに応じたさまざまな草花の苗を見かけるようになりました。

山野草コーナーに行けば、好事家向けの在来野草や、可愛い花をつけたネジバナなどの雑草の苗が置いてあります。しかし、秋桜の異名があって在来種と思っている人も多いメキシコ原産のコスモスも含め、圧倒的多数は外来植物起源の園芸草花です。もとは在来種のキキョウやカワラナデシコも、消費者の好みに合わせて改良された園芸品種の種子が売られているのです。このような市民が育てる

図１−９　東京駅近くにつくった野草花壇
ススキ、ノカンゾウ、フキ、カワラナデシコ、ウマノアシガタなどの在来植物が植えこんである（提供／田辺春陽氏）

植物に加え、ハルジオン、ヒメジョオン、セイタカアワダチソウ、ナガミヒナゲシなどの、庭や空き地や道路の切り通しの斜面に自然に生えてくる雑草もほとんど外来植物です。種類の多さのみを考えるなら、日本の都会は多様性のホットスポットといえるでしょう。問題はその内容です。

東京の真ん中につくった野草花壇

都会でも外来植物という緑と触れ合う機会はかなりありますが、雑草も含めた日本らしさを感じさせる在来植物は年々姿を消しています。

そこで私たちが考えたのが、エコ・フレンドリー・グリーン・アートの構想です。アートではあるけれど、

①在来植物による植生の再生

②生態学の諸原理にもとづいていること

③周囲の景観に調和していること

この三つのルールに沿って、東京駅前を行き来する人々に日本らしい自然を感じてもらう目的で、利根川流域の野草地から集めた在来植物を使った野草花壇を、東京駅日本橋口前にある日本ビルヂングに隣接する植栽スペース（三・一メートル×二・六メートル）に造成しました（図1―9）。野草花壇に植えこんだススキ、ノカンゾウ、フキ、カワラナデシコ、ウマノアシガタなどの在来植物には人里植物的な特性があり、本章で定義する雑草にあたります。

野草花壇では春のクサボケやミツバツチグリに始まって、秋のキツネノマゴやヤマハギなど二五種以上の雑草（図1―10）が次から次へと花を咲かせていきます。これらの花はまるで野原と同じように、花壇の中で親分気どりのススキやチガヤに寄り添うように咲いています。ノカンゾウのようにかなり目立つものもありますが、一面、特定の雑草の花で覆われることはありません。

野草花壇をつくっておよそ一年半が過ぎた七月の週末、金曜日と土曜日に東京駅に集まって来た人がこの花壇に対してどんなイメージをもっているのかアンケート調査（表1―2）を試み九五人（男性五九人、女性三六人）に回答してもらいました。私の研究室の田辺春陽さんが中心となって、野草花壇と広場をはさむ対称の位置にあった園芸花壇（図1―11）を比較することで、人々の野草花壇に対するイメージをつかむことにしたのです。

アンケートの結果、幸い半数以上の方は好印象をもつことがわかりました。そしてその半面、花壇は「花があってこそよい」という既成概念からの影響がかなり強いこともわかりました。

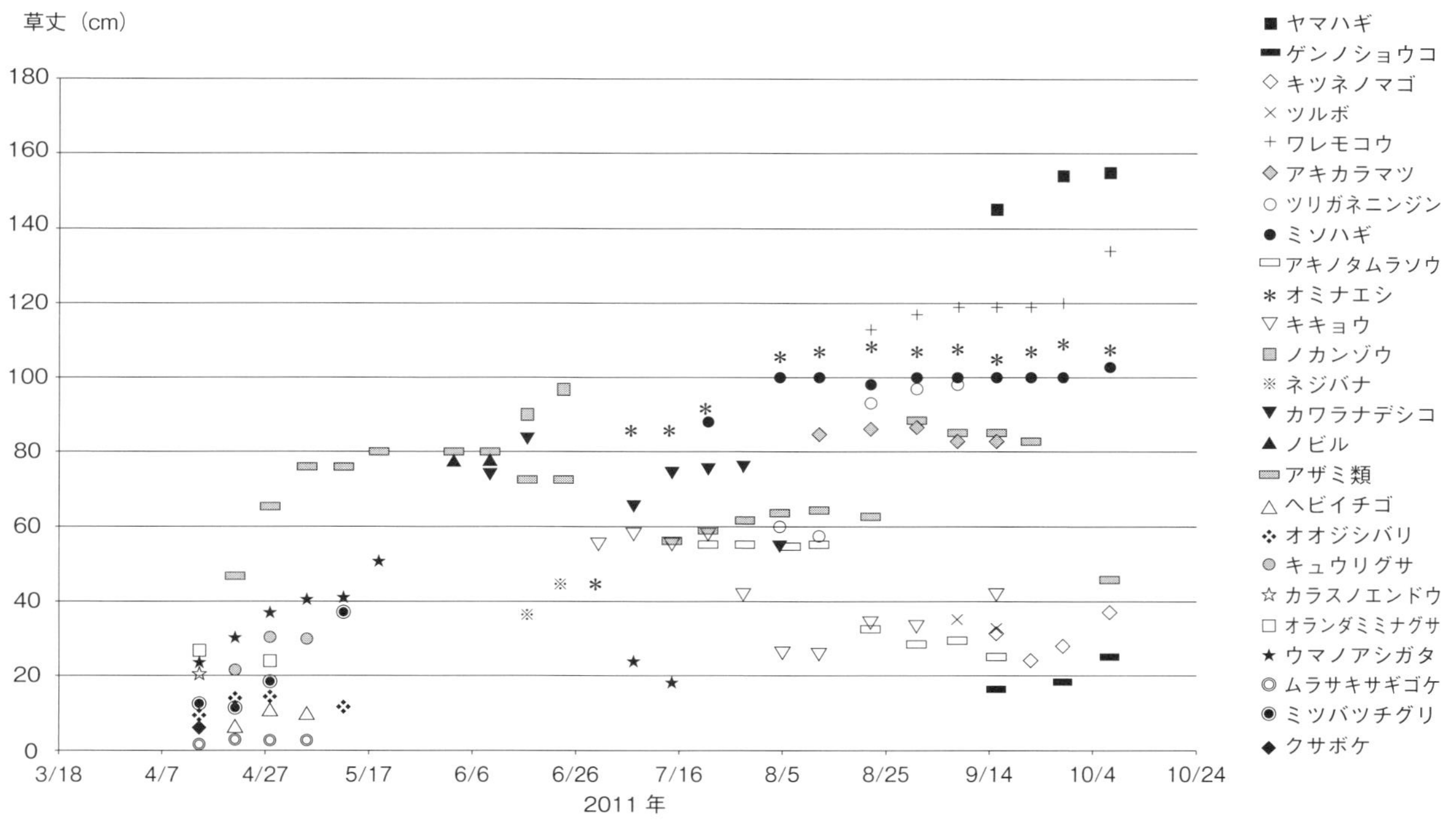

図 1−10　野草花壇に見られる雑草の開花時期とその草丈

花壇の野草たちは、春から秋にかけて草丈の低いものから高いものへと順に開花し、優占種（親分）による庇蔭を避けているようだ

（注）5〜8 月はノアザミ、8〜10 月はノハラアザミの開花を示す。

表1-2　野草花壇のイメージに関するアンケート調査

設問1	野草花壇をパッと見たときの印象はいかがですか。 1．好印象　　2．悪印象
設問2	野草花壇を園芸花壇と比較してどう感じますか。 1．園芸花壇のほうがよい　　2．野草花壇のほうがよい 3．どちらもよい　　4．どちらもよくない
設問3	野草花壇を見て感じるものに○をつけてください。 【3-1】1．何が生えているのか興味をもった 2．何が生えていようと興味をもてない 【3-2】1．花が美しい　　2．草が美しい 3．花も草も美しい　　4．どちらも美しくない 【3-3】1．場に適している　　2．場に適していない
設問4	野草花壇がこうあったらいいな、という改善点やご意見があればご記入ください。 （自由回答欄）
設問5	個人属性について。 性別・年齢・職業

アンケートを実施した日の野草花壇にはススキが繁り（図1-12）、風にゆらぐ風情はなかなかよいと評価してもらいました。しかし、花といえばノカンゾウの盛りは過ぎ、カワラナデシコとノアザミがいくらか咲いていただけで、花壇としてはもの足りなかったのでしょう。悪い印象をもった人は、花の少ない、ススキやチガヤが伸び放題の、手入れが行き届かない花壇ととらえたようです。好印象をもった人は、もっと広い、野草花壇として存在感のあるものを望んでいました。

在来の雑草がつくる景色の美しさをエコ・フレンドリー・グリーン・アートの構想の中でうまく演出するためには、半自然の野原なら、しばしば一面に生え共存する種の中で親分となるススキやチガヤの割合を抑えることと、一定量以上の在来雑草の花が四季を通して咲くことが求められるようです。野草花壇の比較対象となった園芸花壇には、真冬でもハボタンが植栽されていました。

野草花壇ははじめての試みであり、多くの改善すべき点がありましたが、土地提供者側の野草花壇に対する評価は都内にはふさわしくないというものでした。たぶん四季を通して美しい花が見られなかったからでしょう。

図 1-11　野草花壇のそばにあった園芸花壇
ペチュニアの花が咲いていた

図 1-12　アンケートを実施した日の野草花壇
ススキが繁っていたが、ノカンゾウの花の盛りは過ぎ、カワラナデシコとノアザミが少し咲いているくらいだった
(提供／田辺春陽氏)

図1−13　ニュージーランドの自生種を植栽した緑地
（林まゆみ『生物多様性をめざすまちづくり』学芸出版社より）

世界の趨勢は日本古来の植生

ところで、三井秀樹は『かたちの日本美[6]』の中で、日本人の美の規範は自然から育まれたものであり、日本人が追い求めてきた美のキーワードは、自然、四季、花か植物であると述べています。とするならば、四季を通していつも咲き乱れる花を強要するのは不自然です。冬枯れのよさがあってもいいでしょう。

ところがゴルフ場のシバに代表されるように、昨今の日本人は通年緑に覆われているような空間を自然の中に求めています。都市の空間も常緑のセイヨウキヅタなどが多く使われています。このような都市住民の感覚は、日本的な美のあり方が二一世紀の現代、グローバルスタンダードになったこと[6]に逆行しているといえるでしょう。『生物多様性をめざすまちづくり[7]』の中で林まゆみは、ニュージーランドではイギリスの庭園の系譜を引く、色鮮やかな花壇や草花が街中にあふれていたが、近年は地味な自生種による緑地が増えていると、写真入りで解説していました。偶然にも私たちは同書に掲載されていた写真（図1—13）によく似た野草花壇を大手町につくったことになります。

比較の対象となった園芸花壇には、花壇用草花の一つであるペチュニアが咲いていました。花壇用草花とは市街地の緑化、環境保全、生活環境の美化などの素材として生産されている苗です。都市における緑化の必要性が広く理解されるようになった「国際花と緑の博覧会」（一九九〇年）以後、その需要は急増しました。目立つ形、原色で鮮やかといった本能的に人間に備わっている美意識に重点を置いて改良された花壇用草花は、ヨーロッパ式の園芸花壇には似合っているでしょう。そして、現代の多くの日本人の花を愛でる心は、世界の趨勢とは逆行し、ヨーロッパ風の文化的美意識に寄って立つことが多くなったようです。しかし、伝統的な日本人の文化的美意識からすれば必ずしも歓迎されるべき姿ではないためか、二〇〇一年をピークに花壇用草花の需要は減少傾向にあります。

5　雑草の広がり方で変わるイメージ

前節では、都市内に雑草を植栽してつくった野草花壇の快適性や問題点について指摘しました。最後に、都市内に自然発生した雑草の空間占有の仕方によって、私たちの雑草に対するイメージが変わるという、田辺さんの興味ある研究を紹介しましょう。

次ページの五つの写真を見くらべてどんなイメージをいだくでしょうか（図1‒14A〜E）。どの写真にも車道と歩道を分け隔てる植えこみが写っています。

写真Aのサツキの植えこみには雑草が生えていませんが、ほかの写真の植えこみには雑草が顔を出しています。雑草の広がり方に注目してください。

写真B：植えこみ付近から茎を周囲に広げつつあるメヒシバ

写真C：植えこみの上部からかなり突出するまで伸長したセイタカアワダチソウの茎

写真D：植えこみの表面を部分的に覆っているツル植物のヤブカラシ

写真E：植えこみの縁に沿って直線状に生えたハナニラ

A〜Eの写真を1枚ずつ両手で持ち、腕を伸ばした状態で、写真にある歩道を歩いていると想定し、左側にある植えこみに発生した雑草の生え方を見てもらいます。写真を見た男子九〇名、女子七二名の大学生諸君にアンケートに答えてもらいました。

その結果、写真BやCのように、本来の植えこみの形を著しく乱すようにして生える雑草に対しては不快に感じ、とくに写真Bの周囲に広がりつつあるメヒシバには八八％の学生が不快感を覚えました。一方、雑草の存在が植えこみの形を大きく乱していない場合は、雑草のまったくない写真Aのように心地よいわけではありませんが、とくに不快というわけでもないことが判明したのです。

以上のように、生え方によって雑草に対する評価が異なるのは、日本人の美意識が関与しているのではないかと思われます。

A：雑草が生えていない

B：茎を周囲に広げつつあるメヒシバ

C：上にかなり出ているセイタカアワダチソウ

D：表面を部分的に覆っているヤブカラシ

E：縁に沿って直線状に生えたハナニラ

図1-14　植栽地に侵入した雑草の空間占有の仕方によるイメージの違い
BやCのように本来の植えこみの形を崩すような生え方の雑草は不快に感じるが、DやEのような大きく形を崩していないものはとくに不快ではないという結果になった
（注）アンケートに用いた写真は図1-14のような○印はついていない。
（提供／田辺春陽氏）

山本紀久は『造園植栽術』(8)の中で、生け垣によって囲まれた狭い空間で四季の変化や生物多様性を演出する場合、さまざまな植物を種類ごとにまとめて植えるよりは混ぜて植えたほうが、また強い刈りこみより弱い剪定で維持したほうが、都市を心地よくする緑としての効果が高いと述べています。

また先に指摘したように、日本らしい景観は伝統的な谷津田のような連続的な変化に普遍性を見出すことができるでしょう。そのような景観は江戸時代の町人地にも見られ、街路と店との空間の境界があいまいで、商人や行きかう人々が流動することに景観的特徴があったといわれています。

これらの事象は、自然を生活の中に取りこむという、日本人の美意識が具現化したものでしょう。

都市の中の自然的事象である雑草の広がり方についても同様なことがいえ、写真DやEのように、景観を構成している植えこみの形を著しく乱さない雑草には不快感をともなわないのです。日本人の美意識は、植えこみと雑草の連続性という観点から、雑草の広がり方の評価にも影響しているといえるでしょう。

第2章　人とともに生きのびてきた雑草たち

1　雑草の進化の足どりをたどる

嫌われる存在へと進化した雑草

作物や野菜など栽培植物と呼ばれるものは、人間社会がつくり上げた重要な文化財です[1]。栽培植物は、私たちの祖先が原生自然を開墾してつくった耕作地で、意識的に保護されながら成長していきます。それとは対照的に、大切な耕作地や住居の周辺など人間の息のかかった空間に、いつの間にか生えてくるのが雑草です。

ところが雑草は高山のお花畑とか、原生林の林床で山草に混在して生えることはないでしょう。登山道でオオバコやイノコズチなどの雑草を時々見かけますが、それは山道に沿った狭い範囲か、山小屋の周辺に限られます。だから山で道に迷ったときは、オオバコの生えている踏み跡を探しながら進めば、麓の人家にたどり着くことができるのです。このように雑草も栽培植物と同様に、人間が自然を改変した部分だけを生活の場としています。

生育する場をともにする作物と雑草の育ち方の違いは、イネやムギなどの穀物と、それを栽培する耕作地に生えてくる水田のタイヌビエやムギ畑のカラスムギなど、随伴雑草といわれるイネ科の雑草をくらべてみれば明らかです。両者の姿・形はよく似ているのですが、穀物の場合は穂先から熟した種子が分離しにくく（脱粒性の消失）、大粒の種子が一斉に成熟します。これは収穫に適した個体を人間が野草の中から選び抜いてきた結果です。

一方、しばしば人間による攪乱を受けるなか、耕作地に自然に生えてくる随伴雑草は、攪乱によって環境悪化が進めば子孫になる熟した種子を少しでも残し、逆に環境がよくなれば一粒の種子は小さくても脱粒性のある数多くの種子を、長期間にわたりだらだらと生産する個体が残ったのです。このほかにも雑草には、耕作というたえず変動する環境に柔軟に対応できるよう、次のような変化を生じた種類が多いのです。

①多年生から一年生へと、短期間で一生を全うできる生活型に変化したもの
②開花期に到達するまでの日数が短くなったもの
③日照時間の長さの影響を受けにくくなったもの
④ほかの個体の花粉を必要とする自家不和合性から、必要としない自家和合性に変わったもの

また、耕作地は日当たりがよく、肥えているのが一般的なので、

⑤十分な日照を好むもの
⑥窒素肥料を効率よく利用して大きく成長できるもの

このような特性をもつ雑草が生まれたのは、野生種から栽培植物が形成されたのとほぼ同時代でした。栽培植物が人間にとって好ましい姿へと進化したのに対し、多くの雑草種は、人間が取り除きにくいことから嫌われる存在へと進化したのです。

雑草の起源

では祖先であったと考えられる野生種から、雑草はどのような過程を経て進化してきたのでしょうか。雑草の起源となった植物は、以下の四つに分けられます[2]。

①氷河の溶解、洪水、山崩、地震、噴火などによって生じた自然の裸地に、長い間適応してきた先駆種の中から、新石器時代以降、農耕地など人間による連続的な攪乱を受ける土地に侵入したもの
②栽培植物の成立にともない、近縁の野生種から雑草化したもの
③栽培植物の形状や習性によく似たもの（擬態雑草）
④栽培・利用されていた植物が破棄または脱出したもの

①は、自然の力がつくった裸地に最初に侵入してくる先駆種（colonizer）といわれる野生種です。

ところが、温暖化が進み氷河がすっかり後退してしまうと、先駆種の理想的な生育地は冬季に凍結

しなくなるので、次々にいろいろな植物が侵入し、その生育地はほかの植物たちに奪われてしまいました。それでも五〇〇〇年前から始まった農業活動という人間による撹乱が、氷河の前縁部にも勝る生活の場を提供することになります。

②については、イネやムギなどの主要な栽培植物の起源地の周辺には、栽培植物と類縁の野生型や雑草型が混在していることが知られています。ライムギやエンバクは、最初はそれらの野生種がコムギ畑に侵入し、西アジアではコムギの随伴雑草となりました。興味深いのは、ライムギは随伴雑草として世代をくり返すうち、北ヨーロッパで独立した栽培植物になったことです。エンバクの場合も似たような経過で栽培植物になったようです。

このように雑草型を経て栽培型が成立した作物を二次作物と呼んでいます。穀物以外でもニンジンは西アジアの果樹園の雑草を起源とする二次作物ですし、大麻は遊牧民のキャンプ跡地に生えてきた雑草が、その価値を認められ、栽培化が進行したといわれています。

③には、水田の強害雑草であるタイヌビエやムギ畑のカラスムギ、アマ畑のアマナズナ、アマドクムギ、トゲナシヤエムグラなどが知られています。

④はナタネやレンゲのように、栽培していたものがのちに雑草として定着したものです。外来牧草として人工草地で栽培したカモガヤ、イヌムギ、ネズミムギ、シロツメクサが堤防の法面で雑草化したり、近年問題となっている帰化雑草の多くはこのカテゴリーに入るでしょう。

①の雑草は元来、自然の撹乱に適応していた野生種が人為的な撹乱にも適応したもので可変性雑草

(facultative weed) といいます。一方、②〜④は、人間が栽培植物を育てるという行為がなければ生まれてこなかった雑草なので、真性雑草 (obligate weed) といわれています。

五〇〇種以上ある日本の雑草

ところで、アジアモンスーン気候下にある日本には、どんな種類の雑草が生えているのでしょうか。半世紀以上昔の一九五四年、全国の耕作地で植生調査を行った笠原安夫は、水田で四三科一九一種と、畑地で五三科三〇二種の雑草を記載しました。そこには田と畑の共通種が一八科七六種含まれるので、耕地雑草は総数で七八科四一七種になります。その後、日本には数多くの帰化雑草が侵入しているので、現在の耕地雑草は四五〇種を超えているでしょう。さらに本書で扱う耕作地周辺の人里植物も含めた広義の雑草は、五〇〇種以上になるでしょう。ちなみに耕地雑草というのは、水田や畑を含む作物を栽培する農耕地に生える雑草のことです。

野外調査に欠かせない私の愛用する沼田真・吉沢長人編『日本原色雑草図鑑』(3) には、耕作地や非農耕地の雑草に灌木類を加え、五六〇種あまりの植物が掲載されています。そこからヤマグワ、ネムノキ、フジ、ヤマウルシなど五〇種ほどの灌木を除いた五〇〇以上の種が日本に生えている広義の雑草になるわけです。

そのうち、イネ科、キク科、カヤツリグサ科の三科が、耕地雑草のほぼ半分（四八％）を占めてしまいます。世界各地の雑草の種類組成と比較すると、日本ではアゼナ、ムラサキサギゴケ、オオイヌノフグリなどゴマノハグサ科がかなり多く、逆にゼニアオイ、ギンセンカなどアオイ科が強害雑草に含まれないのが特徴でしたが、近年はイチビが飼料畑の強害雑草になりました。世界の強害雑草にはコスモポリタンなものが多いのですが、日本の場合、水田雑草も畑雑草も、その約四〇%が東アジアと共通です。とりわけ朝鮮半島とよく似ていて、日本固有の雑草といえば、水田ではアギナシ、畑ではネザサしかありません。

2　雑草社会は人間の土地利用や管理をどう受け止めたか

土地利用によって変わる雑草

人間による土地利用の仕方が変われば、草刈りや耕起など自然を攪乱する方法や期間、強さが変わるので、それに応じて雑草社会の構成メンバーが変化します。**表2−1**は土地利用ごとにまとめた主要雑草の一覧表です。(4)

雑草が水田で生育するためには多少なりとも耐水性が必要ですから、田畑に共通の強害雑草といえばイヌビエ、コゴメガヤツリ、近年は北アメリカ原産のアメリカセンダングサが問題になります。一方、畑地、果樹園、芝地あるいは非農耕地の道路や鉄道敷などの間には、かなりの共通種が見られます。

荒れ地からよく耕して、手入れの行き届いている熟畑までどんな土にも生育するメヒシバやヨモギと、風散布によって広域に種子をばらまくことのできるムカシヨモギ属（*Erigeron*）の仲間は、水田内を除く水田畦畔まで、人間の息のかかった空間が生育域となります。畑地や芝地にくらべ耕すことがなく、雑草管理が粗放な果樹園や非農耕地では、イタドリ、スギナ、ヤブカラシのように、地下茎を長く伸ばして広がる多年生雑草が多くなります。また頻繁に刈り取られ、踏みつけられる芝地では、地際に再生力のある芽をつける分枝型や匍匐《ほふく》型の雑草が増えるようです。

日本では夏作物の播種期が、北海道では秋の寒さを回避するために、関東以南では春作物と秋作物の栽培期間や梅雨を考慮して、東北も含め、全国的に五月が中心になっています。そのため、この時期がちょうど発芽に適した雑草が、畑作物の播種前の耕起が引き金となって発生してきます。その結果、まだ一五℃以下の日が続いている北海道では夏作物の雑草として、本州以南では冬雑草となるハコベや、低温で発芽してくるシロザ、タデ類、少し低温で発芽するヒメイヌビエ、アキノエノコログサなどが発生してきます。一方、九州では高温発芽性のメヒシバ、オヒシバ、スベリヒユ、カヤツリグサ、コゴメガヤツリなどが発生してきます。本州では、作付けを早めれば北海道に、遅くすれば九州と似た雑草社会が形成されます。

除草剤によって変化した雑草社会

水田では戦後、次から次へと新しく開発された除草剤に対応して、雑草社会は目まぐるしく変わり

芝地	タンポポ類，ノゲシ，アキノノゲシ，ハキダメギク，アメリカセンダングサ，ヨモギ，ハルジョオン，ヒメジョオン，ヒメムカシヨモギ，オオアレチノギク，ホウコグサ，トキンソウ，ブタクサ，オオバコ，コニシキソウ，カタバミ，オオイヌノフグリ，ヒメスイバ，エゾノギシギシ，ハルタデ，ウシハコベ，ハコベ，オランダミミナグサ，ツメクサ，ノミノフスマ，スベリヒユ，ヤブガラシ，タチツボスミレ，エノキグサ、チドメグサ，アレチマツヨイグサ，ヤハズソウ，シロツメクサ，メドハギ，カラスノエンドウ，シロザ，ツユクサ，ニワゼキショウ，ハマスゲ，ヒメクグ，コゴメガヤツリ，メヒシバ，アキメヒシバ，オヒシバ，スズメノカタビラ，スズメノヒエ，カゼクサ，キンエノコロ，エノコログサ，ホソムギ，カモジグサ，チガヤ，イヌムギ
道路・鉄道敷	ヨモギ，セイヨウタンポポ，ヒメジョオン，ハルジョオン、ヒメムカシヨモギ，オオアレチノギク，アメリカセンダングサ，セイタカアワダチソウ，セイヨウヒルガオ，カタバミ，ギシギシ，スイバ，ヒメスイバ，イタドリ，オオイタドリ，オオイヌノフグリ，アカザ，カナムグラ，ヤブガラシ，オランダミミナグサ，ハコベ，シロツメクサ，カラスノエンドウ，クズ，メドハギ，ヤハズソウ，アレチマツヨイグサ，ドクダミ，カラムシ，ヨウシュヤマゴボウ，ツユクサ，ハマスゲ，スズメノテッポウ，アキノエノコログサ，エノコログサ，スズメノカタビラ，チガヤ，ススキ，メヒシバ，シマスズメノヒエ，オヒシバ，イヌムギ，カモジグサ，ネズミムギ，ヨシ，カモガヤ，オニウシノケグサ，セイバンモロコシ，メリケンカルカヤ，ワラビ，スギナ，ササ類

（注）下線のある雑草は多年生雑草
（伊藤操子『雑草学総論』養賢堂より）

日本各地には多くの雑草が見られるが、地域や土地利用の仕方で発生してくる雑草の種類はかなり異なる場合がある。とくに水田とその他の場所との違いは著しい

表 2-1　土地利用別の主要雑草

区分	全国的に多い草種	寒地・寒冷地に多い草種	温暖地・暖地に多い草種
水田	アゼナ，アブノメ，アゼムシロ，ミズハコベ，ミゾハコベ，キカシグサ，チョウジタデ，セリ，コナギ，イボクサ，イヌホタルイ，タマガヤツリ，マツバイ，イヌビエ，タイヌビエ，ウキクサ，アオウキクサ，アオミドロ	オオアブノメ，オモダカ，ヘラオモダカ，サジオモダカ，スブタ，ヒルムシロ，ホシクサ，ヒロハイヌノヒゲ，ハリイ，テンツキ，ホタルイ，エゾノサヤヌカグサ	タカサブロウ，アゼトウガラシ，スズメノトウガラシ，ミズマツバ，ミズキカシグサ，ウリカワ，ヒデリコ，ココメガヤツリ，ミズガヤツリ，クログワイ，コウキヤガラ，ヒメタイヌビエ，キシュウスズメノヒエ，アゼガヤ，ミズワラビ，サンショウモ
畑地	ヨモギ，ヒメムカシヨモギ，ハルジョオン，ヒメジョオン，ホウコグサ，タンポポ類，オオバコ，オオイヌタデ，イヌタデ，ギシギシ，アオビユ，ナズナ，エノキグサ，ツユクサ，メヒシバ，ヒメイヌビエ，アキノエノコログサ，スズメノテッポウ，スギナ	エゾノキツネアザミ，ジシバリ類，オトコヨモギ，ハチジョウナ，ナギナタコウジュ，オオイヌノフグリ，ソバカズラ，スイバ，タニソバ，エゾノギシギシ，オオツメクサ，ツメクサ，ハコベ，シロザ，スカシタゴボウ，カラスビシャク，シバムギ，アキメヒシバ	タカサブロウ，コヒルガオ，ヒルガオ，ホトケノザ，ワルナスビ，ウリクサ，スベリヒユ，ザクロソウ，ドクダミ，ムラサキカタバミ，カタバミ，コニシキソウ，ニシキソウ，ヤブガラシ，チドメグサ，ハマスゲ，カヤツリグサ，コゴメガヤツリ，オヒシバ，チガヤ
果樹園	ヒメジョオン，ヒメムカシヨモギ，ノボロギク，ヨメナ，ヨモギ，ハルジョオン，オオジシバリ，オオバコ，ホトケノザ，ヤエムグラ，イタドリ，スイバ，イヌタデ，ギシギシ，カナムグラ，ハコベ，ウシハコベ，シロザ，アカザ，イヌビエ，カラスノエンドウ，クズ，チドメグサ，セリ，ドクダミ，ナズナ，イヌガラシ，ツユクサ，カラスビシャク，エノコログサ，メヒシバ，ヒメイヌビエ，イヌムギ，スギナ	セイヨウタンポポ，ハチジョウナ，イワニガナ，オトコヨモギ，フキ，ヘラオオバコ，エゾノギシギシ，ヒメスイバ，シロツメクサ，カモガヤ	オオアレチノギク，ヒルガオ，コヒルガオ，カタバミ，ムラサキカタバミ，ヤブガラシ，ヘビイチゴ，カラムシ，ハマスゲ，カヤツリグサ，スズメノヒエ，チガヤ，ススキ，ネザサ，ワラビ

ました。除草剤の普及していなかった一九五〇年代以前は作物の生育中に、そのまわりの表土を浅く耕す中耕と手取り除草に頼るほかなく、一年生雑草のノビエ類やコナギから多年生雑草のマツバイやヒルムシロなど、さまざまな雑草が生えていました。なかでも浮き葉が水面でゆれ、手取りでも根こそぎ取りにくいヒルムシロは「難防除雑草」といわれていました。そこに登場したのが葉の幅の広い広葉雑草に有効な2,4-Dなどのホルモン剤です。その結果、2,4-Dの効かないイネ科のノビエが残存し、農民たちを苦しめることになりました。

幸い一九六〇年代になると、ノビエ類に有効なPCPなどの土壌処理剤が開発され普及することで、ノビエ類は抑えられたのですが、小型の多年生雑草であるマツバイが大問題になりました。その後、一九七〇年ごろから、マツバイにも有効なベンチオカーブという除草剤の登場によって、マツバイが問題にならなくなると、それに代わってウリカワ、イヌホタルイ、ミズガヤツリなどの多年生雑草が西南暖地から北日本にまで広がりました。

一九八〇年ごろからは、一年生だけではなく当時問題となっていた多年生雑草にも効く一発処理剤が開発され、水田雑草管理のための時間が大幅に改善されました。オモダカやクログワイは一発処理剤だけでは効きにくいのですが、オモダカの塊茎には通常一つしか芽ができないので、強制的に回転するいくつもの爪で耕すロータリー耕によって芽を切断すれば枯死するし、クログワイの場合は塊茎が乾燥に弱いので、冬季に水田を起こして、塊茎や地下茎を外気にさらせば枯殺できます。

現在は兼業農家が増え、水田管理のための時間が大幅に減少し、畦畔や農道の雑草管理が十分行われなくなりました。また、除草剤を使わないイネづくりも広がっているため、そこではイネより早く根を張り養分を奪いながら、イネなみに草丈の伸びるタイヌビエが再び問題になっています。

ところで、手取りや中耕という人力に頼るほかなかった一九四九年の農林統計によれば、水田で除草に費やされた労働時間は全国平均で一ヘクタール当たり五〇六時間でした[5]。昔の農民は夏草の繁り出す晩春から収穫の秋まで、「朝に星をいだいて家を出、夕に月を見て家路につく」という生活でした。それがさまざまな除草剤が開発された結果、二〇一〇年の農林統計では、除草のための労働時間がわずか一三・五時間にまで減少しました。除草剤が農民を雑草取りの重労働から解放したことはまぎれもない事実です。

いろいろな場面で除草剤の問題点が指摘されていますが、現在、日本も含め世界の大方の農業生産をまったく除草剤を使用しないで行うことは難しいでしょう。除草剤はコントロールできないものではありません。それを全否定するのではなく、生態系に及ぼす影響などを十分解明しつつ、適切に使用することでより安全性の高いものにしていく必要があると思います。

戦前と戦後の線路脇の雑草たち

鉄道敷に発生する雑草も時代とともに大きく様変わりしました。

一九三一（昭和六）年に、笠井幹夫と井上隆根が行った線路雑草に関する調査[6]と、一九八一（昭和五六）年に日本鉄道技術協会の行ったアンケート調査[7]の結果を比較すれば、戦前の名寄《なよろ》から鹿児島に至る鉄道沿線の主要雑草は、スギナ、チガヤ、ニシキソウ、スベリヒユ、メヒシバ、ニワホコリなどで、日本在来の雑草が多かったことがわかります。これらの在来種は、現在、鉄道沿線で優占しているススキやクズ、ササ・タケ類より小型です。また、そのほかの戦前の雑草社会を構成していた、アザミ、ジシバリ、ヨメナ、ノガリヤスなどは、いずれも在来の人里植物でした。

ところが一九八一年の調査では、在来種のススキ、クズ、スギナ、イタドリが優占しているといっても、その次に目立つのがセイタカアワダチソウ、ヒメジョオン、ハルジオン、ヒメムカシヨモギ、ブタクサなどの外来植物や、ネズミムギ、オニウシノケグサ、カモガヤ、ムラサキツメクサなど外来牧草から逸脱したものです。

一九五〇年代後半までは、現在鉄道沿線に繁るススキやクズは、農家が飼育していた牛や馬の飼草として刈り取り、利用されていたため、あまり目立つ存在ではなかったようです。その後、ススキやクズを利用しなくなったので沿線の優占種になったのでしょう。

3　雑草たちの生活様式

雑草たちとうまくつき合うためには、それがどれくらいの寿命をもっているのか、種に固有の生存年限を知る必要があります。雑草には、作物や野菜と生育地を同じくする耕地雑草のように、その生存年限が一年前後と短いものから、畦や土手や放棄して数年を経た空き地に生える人里植物のように、

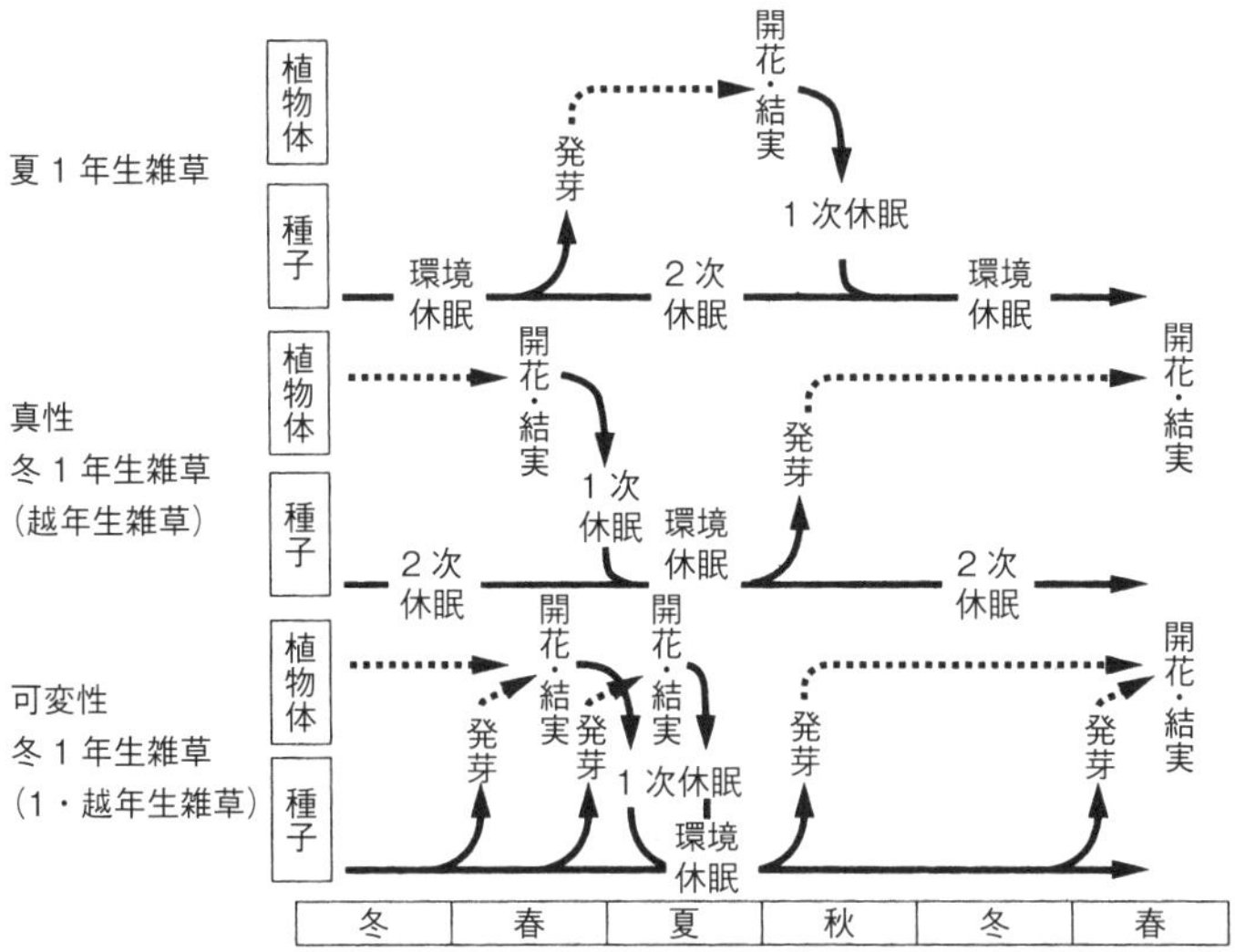

図２−１　夏１年生雑草と冬１年生雑草（真性冬１年生雑草と可変性冬１年生雑草）の生活史
（吉岡，2009を改変：種生物学会編『発芽生物学』文一総合出版より）

条件がよければ何年にもわたって生きつづけるものがあるからです。

一年生雑草

温帯の一年生雑草は、夏草と冬草に大別できます。

夏草とは、水田のタイヌビエやコナギ、畑のメヒシバ、エノコログサ、ツユクサ、シロザなど、夏一年生雑草のことです。春から初夏に発芽し、夏に繁って秋に結実するタイプです。

一方、冬草とは、水田のスズメノテッポウ、畑のホトケノザ、オランダミミナグサ、カラスノエンドウなどの冬一年生雑草です。秋に発芽した個体が年を越し、翌春から初夏のころ開花・結実するため越年生雑草という異名があります。この冬一年生雑草の中には、ホトケノザ、ヒメオドリコソウ、コハコベのように、秋に発芽し越冬する個体（真性冬一年生雑草）のほか、春から夏にも断続的に発芽して、当年内に開花・結実する個体を併せもつ、可変性冬一年生雑草が含まれます（**図2−1**）。

このような発芽のタイミングの違いは、その種が発芽してくるまで土の中でどんな状態にあったのか、休眠の程度が関係していますが、そのメカニズムについては後述します。

二年生雑草

頻繁に耕さない果樹園のような場所では、二年生雑草や多年生雑草が目立ちます。

二年生雑草とは、種子から発芽した後、一年目はもっぱら栄養成長によってロゼットのサイズを大きくし、二年目の生育期にロゼットの中心から花茎を伸ばし、開花・結実した後に死に至る雑草です。寒さの厳しい冬季をやり過ごさなければならないので、地面に張りついたように放射状に根生葉《こんせいよう》を広げロゼットを形成します。このような植物は真性二年生雑草と呼ばれますが、該当する雑草は知られていません。

オオマツヨイグサ、アレチマツヨイグサ、ヒメジョオン、ヒメムカシヨモギ、オオアレチノグキなどは二年生雑草といっても、開花するまでに要する年齢が、生えている場所の土壌条件によって一年から数年の幅で変化します。これらは可変性二年生雑草といわれ、一定以上の大きさに成長したロゼットだけが、日長や冬の低温に反応して花芽のついた茎を伸ばします。

例えば、オオマツヨイグサは生育範囲が広く、比較的富栄養な空き地や耕作放棄地から、貧栄養な砂丘や採石場に生えています。空き地や耕作放棄地のように攪乱を受けやすい場所では真性冬一年生雑草のような生き方で、また砂丘や採石場ではロゼットが花芽のついた茎を伸ばすまで三～五年かけてゆっくり成長します。

多年生雑草

生存年限が二年以上ある雑草が多年生雑草です。

毎年同じ地下部から再生し、通常は種子と栄養繁殖器官（塊茎、根茎断片、根断片など）の双方によって繁殖します。耕起されることの少ない人工草地や果樹園、非農耕地の河川堤防、道路法面にはさまざまな多年生雑草が発生します。

多年生雑草は刈り取りによって地上部が失われても、その基部から再生可能なものが多く、また耕起によって根茎や根が切断されても、そこから不定芽や不定根を出すものが多いのです。栄養繁殖がさかんな多年生雑草を防除するためには、地下器官の生態的特性を熟知する必要がありますが、多年生雑草が地下でどのように広がるのか、その生態はまだ十分解明されていません。

多年生雑草は繁殖様式の違いから、次の五つのタイプに分けることができます[4]。

①種子繁殖と栄養繁殖のいずれもがさかんな種

ヨモギ、チガヤ、カタバミ、ヨシ、セイタカアワダチソウ、シロツメクサ、シバムギなど

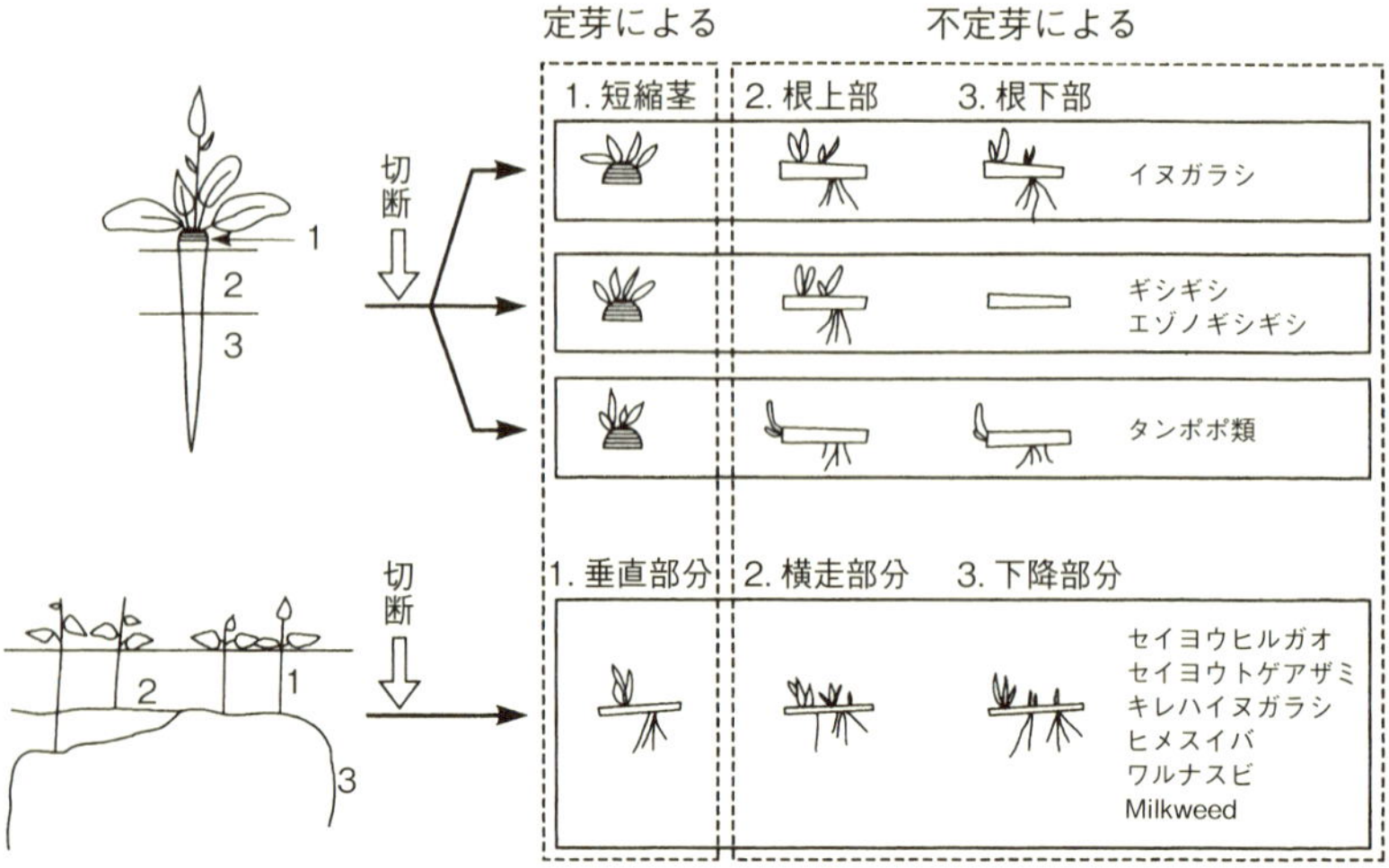

図2-2　根断片からの萌芽様式
左図1～3の各箇所で切断した場合の萌芽の仕方（伊藤操子『雑草学総論』養賢堂より）

②どちらかといえば栄養繁殖による種
オモダカ、ウリカワ、ヒルムシロなど
③栄養繁殖のみによる種
ネザサ、ヒルガオ、ムラサキカタバミなど
④種子繁殖のみによる種
ネズミムギ、ホソムギ、イヌムギ、スズメノヒエ、オオバコ、スイバ、ヘラオモダカ、イヌホタルイなど
⑤通常は種子繁殖であるが、耕起されれば栄養繁殖する種
エゾノギシギシ、イヌガラシなど

一般に多年生雑草は、地中や地表につくられた休眠芽が、地下部に貯蔵していた養分を使って春先に出芽、葉を広げて光合成が活発になります。光合成産物の地下への転流がさかんになれば、地下部の栄養繁殖器官が増大します。セ

イタカアワダチソウやヨモギのように根茎によるものと、イヌガラシ、ギシギシ類、ヒルガオのように根によって繁殖するものに分けられますが(4)（図2－2）、繁殖の仕方は雑草の種類によってさまざまです。

4　雑草たちの繁殖の生態学

長日植物と短日植物

耕起、刈り取り、踏みつけ、火入れなど、さまざまな撹乱条件下で生活する雑草という植物が、まともにその生涯を全うすることは少ないのですが、それでも生育地固有の撹乱パターンをうまく回避できた個体は生き残りました。その結果、潜在的な生存期間が二〜三カ月の短命なものから、かなり長期間にわたる多年生雑草まで、さまざまな雑草が存在しています。発芽した個体は種ごとに、この限られた生存期間の中で成長し、開花・結実して種子を散布するという繁殖戦略を展開しなければなりません。

野菜畑のコハコベのように、いつでも花芽を形成して有性繁殖が可能な中性植物もありますが、多くの雑草はドクムギ、アマ、ナガハグサ、タンポポ、ヘラオオバコのように、一日の日照時間がある長さ（限界日長）より長い日長下で花芽をつくる長日植物か、ブタクサ、オナモミ、キクイモ、アサ、ミドリハコベなど、一日の夜の長さがある一定時間以上のときに花芽をつくる短日植物です。短日植物は、夜の長さが昼の長さより長いものばかりとは限りません。例えば、短日植物のアサガオは、夜の長さが八時間以上で花芽が分化します。

気温の年変動は大きいのですが、日長は年変動しません。そこで雑草たちは日長に反応することで正確に季節を読み、開花のための準備を始めるわけです。

生き残りのための生殖戦略

一般に雑草の花は、雌ずいと雄ずいの両方を備えた両性花です（図2－3）。雄ずいの花粉が自己の雌ずいの柱頭上で受粉されることを自殖といいます。両性花による自殖では、花粉の成熟と種子の成熟を同一の場所で行うため、たとえ一個体であっても子孫をつくることができ、とても効率的です。

一年生雑草には、この一般的な有性生殖である両性花による自殖のほか、さらに効率的な方法をとるものもあります。例えばセイヨウタンポポのような無融合種子形成（アガモスパーミー）では受粉を必要とせず、雌の配偶子（卵細胞）が単独で胚発生し、そのまま種子となります。孫悟空のように一息で体細胞から自分と同じサルをつくるのとは少し事情が違いますが、セイヨウタンポポは訪花昆虫の少ない都市の中にたった一個体芽生えたものでも、確実に自分と遺伝的にまったく同一の種子を多数残すことができるのです。

スミレやコナギ、ホトケノザの場合は、正常な両性花である開放花のほか、開花せず蕾のままで花

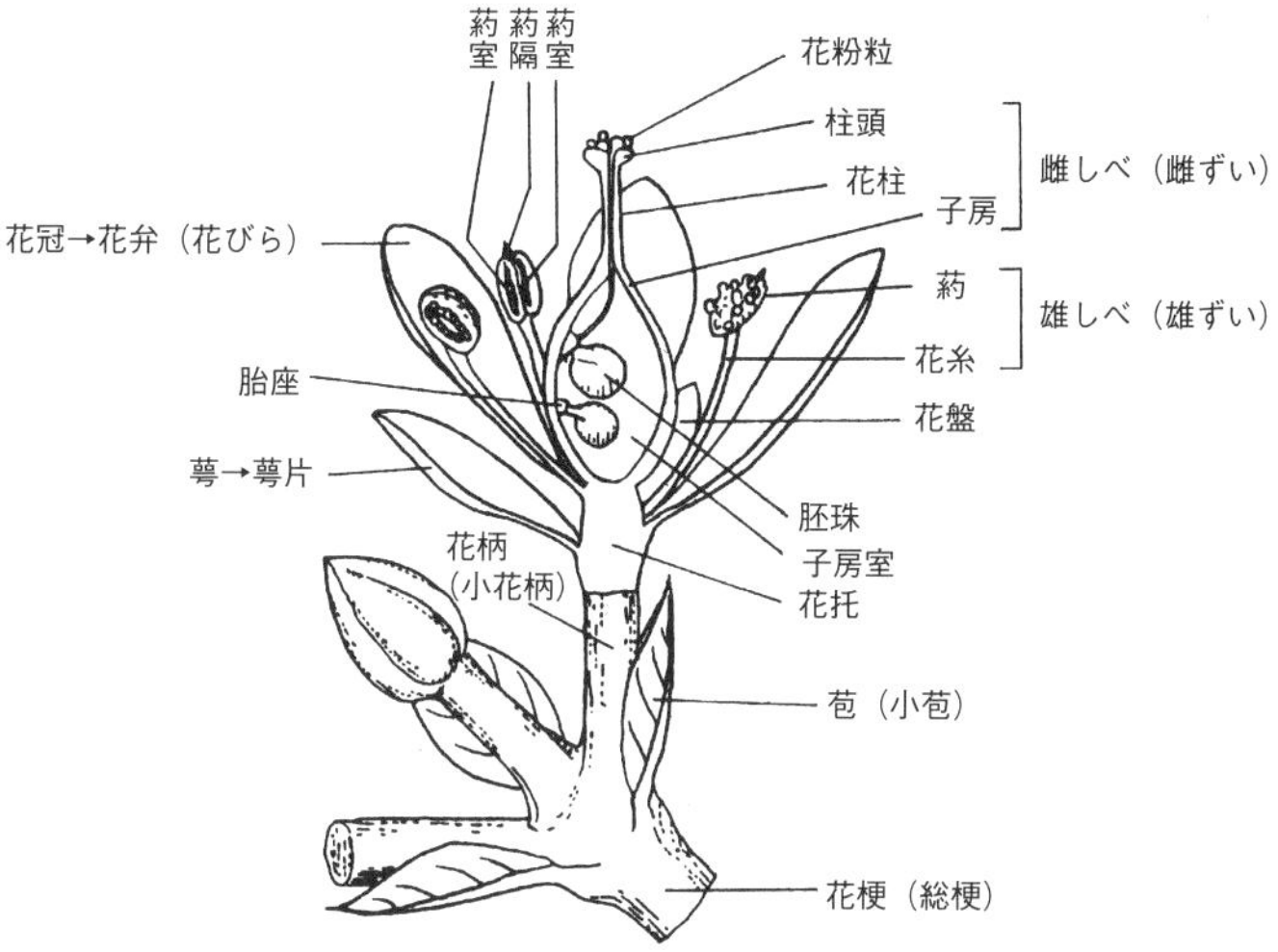

図2-3　花の模式図（清水建美『高原と高山の植物①』保育社より）

粉が直接に雌ずいの柱頭につくか、または花粉が葯《やく》の中で発芽して花粉管が柱頭に達することによって受精する閉鎖花をつけます。スミレの場合、春の開放花が昆虫の力を借りて他個体の花粉を受け取ることで、遺伝的な多様性を獲得しています。その一方、春以降は閉鎖花によって自己増殖しています。スミレの閉鎖花は開放花にくらべて結実率が高く、種子数や種子重が大きいようです。コナギやホトケノザは一個体の上で開放花と閉鎖花を同時につけます。またマルバツユクサやヤブマメは地下に閉鎖花を形成します。

　自殖や閉鎖花では効率的な種子生産が可能ですが、近親交配なので個体の生育に好ましくない劣性遺伝子が現れる割合が大きくなります。しかし動くことのできない雑草は積極的に交配相手を探すことはできません。そこで近親交配を避けるためには、花粉が昆虫や鳥類あるいはススキのように風の力で他個体まで運ばれ、その柱頭で受粉される他殖を行う必要があります。

ただし、昆虫や鳥類はボランティアで花粉を運んでいるわけではありません。チョウ類や鳥類は自身の養分となる蜜や花粉を、ハチ類ならば幼虫のために蜜を運んでいるのです。花粉をすべて食べられてしまっては問題ですが、より多くの動物たちが花に集まってくるように、植物たちは、花粉を運んでくれる動物たちがよく反応する花色にしたり、好む匂いを出して誘引しています。

その一方で、両性花内での受粉を避けるための仕組みも発達させました。多くのラン科植物に見られる同じ花の雌ずいと雄ずいが空間的に離れている雌雄離熟や、キク科、キキョウ科などに見られる雄ずいが先に熟して花粉を放出し、その後に雌ずいが熟して受粉が可能となる雄性先熟や、逆のパターンを示す雌性先熟などの仕組みが自殖を妨げています。

秋の七草のカワラナデシコでは、この仕掛けがよく発達しています。カワラナデシコは、一つの花の中に一〇本の雄ずいと二本の雌ずいの花柱があります。開花するとすぐに雄しべが伸び出してきて、葯が裂開します。その期間は二〜三日で、その後、花柱の先の柱頭が成熟するため、同じ花の花粉では受精できないのです。またカワラナデシコは、葯が発達せず雌花しかない雌株と、両性花をつける個体から個体群が構成されています。

固着性の雑草には、匍匐茎や地下茎を利用した栄養繁殖によって、生育場所を拡大する種が多くあります。しかし、その広がりには限りがあり、遠く離れた好ましい場所まで動いていくわけにはいきません。そんな雑草でも有性繁殖するものには二度ほど、かなり遠くまで旅するチャンスが訪れます。

花粉による移動と種子散布にともなう移動です。

5　雑草種子の移動と定着

雑草は途方もない数の種子を生産する

次世代を再生する可能性を秘めた種子や、無性生殖由来の繁殖器官がどんなにつくられても、それがほかへ移動し、移動先で定着する手段を失えば、その雑草が周囲に広がっていくことはないでしょう。絶滅危惧種といわれる野草は、きわめて限られた場所で世代交替をくり返しているものが多く、移動能力はさして問題にはならないでしょう。しかし雑草の場合は、勤勉な日本人に徹底的に抜かれてもその種が消えてなくならないよう、移動能力や新天地に定着する能力に長けていなければならないのです。まず、雑草種子に特徴的な移動や定着のためのメカニズムに焦点をあてたいと思います。

雑草の移動・定着には、庭でスミレが広がっていくという局所的なものから、外来雑草が外国から侵入するような地球規模の移動までさまざまなパターンがあります。局所的な移動と定着には、種子の大きさや形状が深く関与しています。その一方、大陸や海を渡るという長距離移動は、ほとんど人間の手を借りて行われているのです。後者の長距離移動は外来雑草が侵入する過程でもあるので、第4章で詳しく述べることにします。ここでは局所移動と定着について述べてみましょう。

表2-2　作物と雑草の種子重比較（g千粒重で示した）

作物		雑草	
ラッカセイ	800 ～1,000	カラスムギ	17.5
アズキ	100 ～ 170	ツユクサ	7.5
エンドウ	150 ～ 400	ブタクサ	4.0
ダイズ	80 ～ 800	アキノエノコログサ	2.2
		ヒメイヌビエ	1.8
エンバク	30 ～ 40	エノキグサ	1.3
モロコシ	24 ～ 32	コメツブウマゴヤシ	1.2
イネ	20 ～ 25	メヒシバ	0.7
コムギ	30 ～ 35	シロザ	0.7
ライムギ	25 ～ 35	エノコログサ	0.6
		アオゲイトウ	0.4
アワ	1.5～ 3.5	スベリヒユ	0.1
ヒエ	3 ～ 4	スカシタゴボウ	0.06
キビ	4 ～ 9	ヒメムカシヨモギ	0.03

一般に雑草は一個体の生産する種子の数が多く、小粒の種子を長期間にわたって生産するという特徴があります。**表2-2**に示した作物と主要雑草の重さを比較すれば、雑草種子がどんなに小さいかは一目瞭然です。種子重は、穀類では千粒重、マメ類は百粒重で表示されることが多いので、**表2-2**ではすべて千粒重に統一してあります。マメ類は穀類より一桁重いし、逆に雑草類は穀類より一桁軽いものが大半です。雑草類でもヤブマメ、クサネム、ツルマメなどマメ類種子のサイズ（横に長いものはその長いほうの大きさ、球径のものはその直径）は四ミリ前後で、チチコグサ（〇・三ミリ）、ハハコグサ（〇・五ミリ）とくらべれば桁違いに大きいのですが、ラッカセイ（二〇ミリ）とくらべればかなり小さいのです。

光合成によってできた有機物がなるべく子実生産に向かうように改良されてきた作物にくらべれば、

表2-3　雑草の発生時期と個体当たり結実種子数

発生時期	ハコベ	シロザ	ナギナタコウジュ	アキメヒシバ	スカシタゴボウ
5月上旬	18,815	284,239	68,744	—	138,549
5月下旬		242,368	65,222	17,207	156,756
6月中旬	18,381	196,576	34,497	13,307	
7月上旬	12,370	48,874	18,717		85,779
7月下旬	4,304	16,469	1,664		1,540
8月中旬	194	158	15	44	0
9月上旬	0	0	0	0	0

発生時期	ヒメイヌビエ	オオイヌタデ	イヌタデ	アキノエノコログサ	ツユクサ
5月上旬	—		31,510	—	—
5月下旬	28,031	36,719	30,500	8,824	3,345
6月中旬	23,786	28,286	16,165	6,069	573
7月上旬	10,373	13,105	6,139	1,350	*83
7月下旬	1,195	645	59	29	
8月中旬	0	0	0	0	0
9月上旬	0	0	0	0	0

（注）ツユクサの*は7月13日発生個体
（渡辺泰，1974：「農業および園芸」第49巻第12号より）

雑草が再生産のために使う資源は小さいものです。種子生産のための資源の量は限られているため、一つの個体が生産できる種子の数とそのサイズの間には、二律背反（トレードオフ）の関係があります。つまり、雑草種子は作物種子より一桁以上小さいので、途方もない数の種子生産が可能だということです。

現実に、ある雑草の種子数を決めているのはその遺伝的な特性であり、カラスムギがエノコログサほどの種子をつくることはありません。この遺伝的な制約の中で種子数は、利用可能な資源や受精や種子生産をするときの環境条件に影響され変化します。例えば北海道で発生するどの畑雑草も、発生時期によって個体当たりの結実種子数が大幅に変化していることがわかります（表2－3）。

また、五月上旬に発生し、十分生育したシロザは、一個体で二八万粒という途方もない数の種子を生産しますが、八月中旬に発生したものはわずか一五八粒です。すべてが同時発生したら共倒れ間違いないほど途方もない数の種子を生産してプラスになることといえば、環境条件がきわめて不均一な野外で、さまざまな条件の立地に移動し、そのうちごくわずかであっても定着し、成体になる可能性を残すことでしょう。

大きな種子と小さな種子のメリット・デメリット

では、種子のサイズと移動・定着にはどのような関係があるのでしょうか。大きな種子のよいところは多くの栄養分を蓄えているため、他種との競争に強いし、長期間にわたる苛酷な状況下で生存できることです。大きい種子からの芽生えは、乾燥、庇蔭《ひいん》、同時に発生してくる相対的に小さい種子からの芽生えに抵抗して成長することが可能です。けれども大きな種子はそれを生産するために、より多くの資源やエネルギーを必要とし、発見するのがたやすいので、種子を食べる動物が消費するうえでおあつらえ向きであるという不利な点もあります。

小さな種子をつくることの利点がないわけではありません。小さな種子をつける雑草種は通例、大きな種子をつける個体より多くの種子を生産し、また、小さい種子は少ないエネルギーでつくることができるのです。小さい芽生えは大きくなる前に多くが死亡しますが、雑草特有の途方もない数によってその損失を埋め合わせます。

大きな種子は周囲のさまざまな不利な環境条件でも芽生え、定着できるが、数が少ない。一方、小さな種子は数多くつくられるが、どれぐらい生きのびられるかわからない。

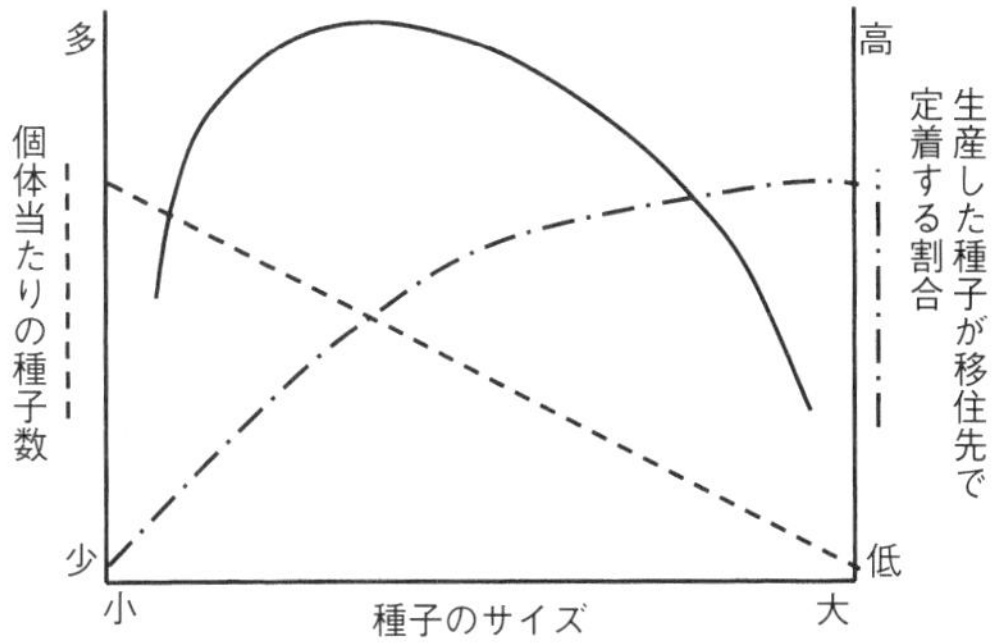

図2–4　種子のサイズ、種子数、定着割合と種子の分散と移住能力の関係についての一つのモデル
（Eriksson, 2000）

雑草はこの二律背反をどうやって解決しているのでしょうか。

植物の生活史とりわけ移動の研究者であるエリクソンは、種子サイズにもとづく種子の分散と移動能力を説明するモデルを提案しました[8]。モデルでは、種子サイズは種子数が増加すると減少する。成体になるまで生存する芽生えの数は、種子サイズが大きくなることで増大するがそれには限界がある、と仮定します（**図2–4**）。したがって分散と移住を合わせた能力の最大値は中間の種子サイズに落ち着きます。この分散—移住曲線の頂点は、よく撹乱される立地ほど**図2–4**の左側に移動します。

種子散布の四つの仕掛け

局所的な移動は雑草種子に備わった形態的特性に影響されることがあり、植物生態学者の沼田真は、種子を散布するための仕掛けから、雑草種子を以下の四つの散布器官タイプに分けました(9)(図2-5)。

タイプ1:種子が小さく軽かったり、冠毛《かんもう》などの長い毛があり風で飛ばされる、ムカシヨモギ属(ハルジオン、ヒメジョオン、オオアレチノギクなど)、タンポポ属、ノゲシ、オニタビラコ、オオジシバリ、セイタカアワダチソウなど、おなじみのキク科雑草と、水に浮かんで水で運ばれやすいウキヤガラや、水田雑草のオモダカ、ヘラオモダカ、ウリカワなどが該当する。

タイプ2:鳥が果実を好んで食べ、それが消化されずに排泄されて広がるヘビイチゴ、ノイバラ、ニガイチゴなどや、動物や人に付着して移動するもの。付着の仕掛けはさまざまで、アメリカセンダングサやタウコギなどは表面がざらつき、おまけに芒《ぼう》には鉤毛《こうもう》がある。ヌスビトハギやアレチヌスビトハギは果実の表面に短い鉤毛がある。どちらも晩秋に野外調査に行くと衣服につく厄介者である。メナモミの果実は粘液を出す腺毛《せんもう》があるし、オオバコの種子はぬれると表面に粘膜ができズボンの裾や靴につきやすい。

タイプ3:乾燥したり、少し接触しただけでも果実が裂け、中の種子をはじき出すもの。カタバミ、スミレ類、ゲンノショウコ、タネツケバナ、カラスノエンドウなど。タチツボスミレは一メートル近く種子を飛ばすという。

タイプ4:特別に散布のための仕掛けをもたないもの。メヒシバ、イヌムギ、ナガハグサ、アカザ、

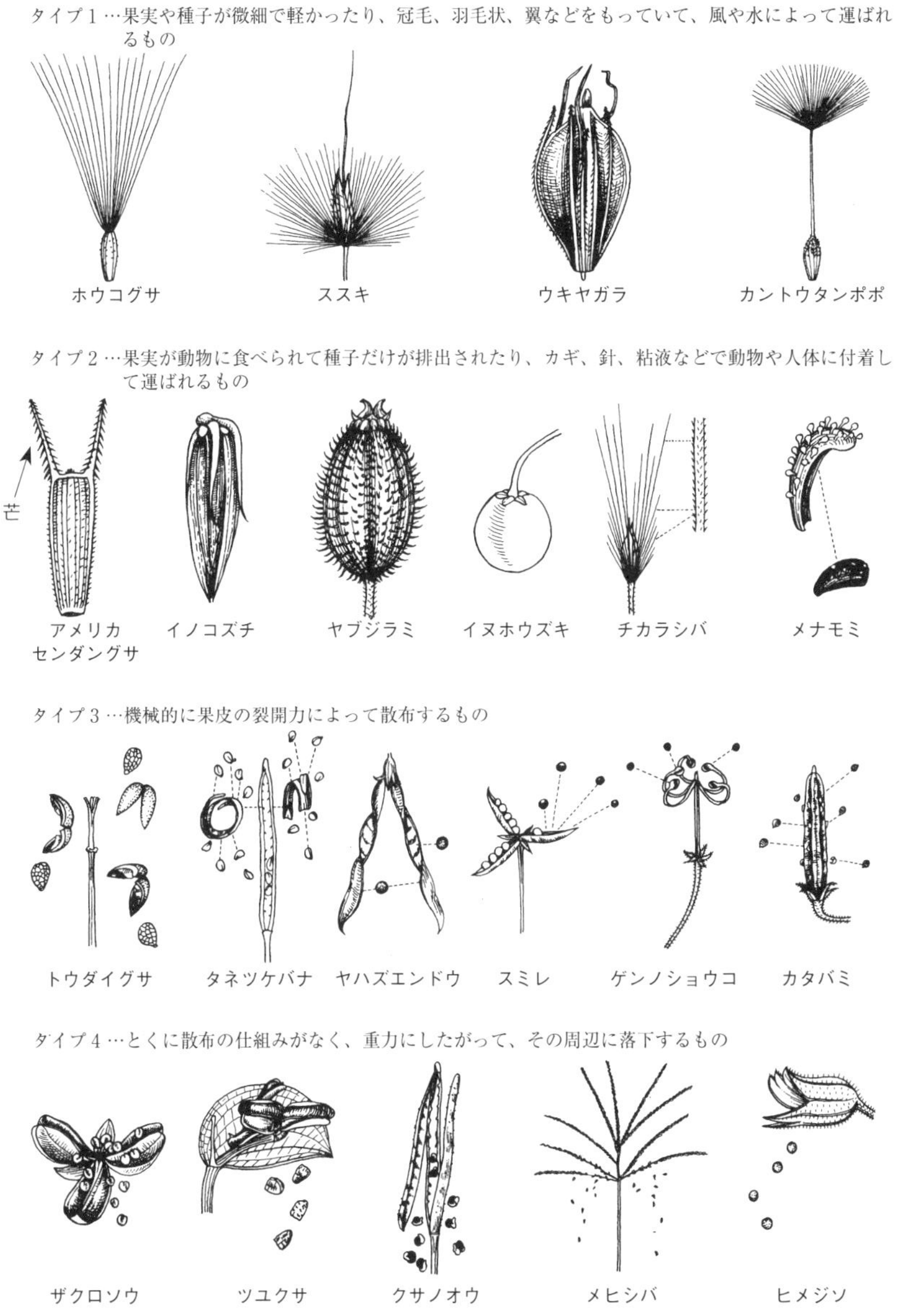
タイプ1…果実や種子が微細で軽かったり、冠毛、羽毛状、翼などをもっていて、風や水によって運ばれるもの
ホウコグサ
ススキ
ウキヤガラ
カントウタンポポ
タイプ2…果実が動物に食べられて種子だけが排出されたり、カギ、針、粘液などで動物や人体に付着して運ばれるもの
芒
アメリカセンダングサ
イノコズチ
ヤブジラミ
イヌホウズキ
チカラシバ
メナモミ
タイプ3…機械的に果皮の裂開力によって散布するもの
トウダイグサ
タネツケバナ
ヤハズエンドウ
スミレ
ゲンノショウコ
カタバミ
タイプ4…とくに散布の仕組みがなく、重力にしたがって、その周辺に落下するもの
ザクロソウ
ツユクサ
クサノオウ
メヒシバ
ヒメジソ

図2-5　雑草種子の散布器官のタイプ
（沼田真・吉沢長人『新版　日本原色雑草図鑑』〈全国農村教育協会〉を一部改変）

ハコベ、ミミナグサ、スベリヒユ、ツユクサなど、過半数の雑草はこれに該当する。しかし、タイプ4でも種子が軽ければ風に飛ばされたり、水に流されやすいし、車のタイヤや靴に付着して移動しやすい。

そのほか、ムラサキカタバミやヒガンバナのように、原則として種子をつくらないもの。通常はできないが稀に種子ができるヒルガオなどがある。

メヒシバ、イヌビエ、ネズミムギなどは、沼田の散布器官型ではタイプ4で、特別に散布の仕掛けをもたない種子ですが、牧草地に生えてくれば家畜が牧草と一緒に食べることも多く、消化器官を通過した家畜糞に混入してあちこちに散布されます。種子を乳牛に与え、その糞から回収した種子を調べた例では、発芽率がイヌビエで六四％、メヒシバとイヌムギは三二％でした。

二次散布に影響するもの

種子の散布は、その母植物から地面到達までの一次散布と、一次散布された種子がさらにほかの場所に移動する二次散布に分けられます。一次散布の広がりは、上述した種子形態の特性によって決まることが多いでしょう。そのまま定着することもありますが、二次散布によって種子は、特別な仕掛けがなくても母植物からさらに水平的に遠く離れたり、土壌中を垂直的に深いところまで移動する場合があります。二次散布の程度は、種子の特性と移動先の無機的環境や、種子を取りまくミクロな生態系の構造とのかかわり合いによって決まります。無機的環境とは、土壌粒子の大きさ、風や雨、あるいは霜柱が土を持ち上げる力などでしょう。また微地形、動植物、土壌が、生態系の構造を左右する要素になります。

土壌粒子の大きさや重さのわずかな違いは、種子の風による移動距離に影響します。北海道で春先の最大風速が一一メートル／秒の北西の風が吹いた日、高林実らは種子の飛散量を調査しました。地表面に置いた五センチ角の飛土採取器の先につけた布袋に入った飛土と飛散した雑草種子量を測定したところ、沖積土の何も植えつけていない畑では飛土量がわずか四・八グラムで、雑草種子数は一粒にすぎなかったのですが、同じく作物のない火山灰土の畑では、飛土量が一一二五グラムで、雑草種子数は四七三粒でした。軽い火山灰土は多く飛ばされ、そこに含まれる雑草種子数も多いことがわかりました。それでも火山灰土の畑に風向きと直角畦に植えられたムギ畑では、雑草種子数は約一〇分の一に、平行畦でも約二分の一に減少したといいます。

また、軽い火山灰土は風で移動しやすいだけでなく、霜柱が立ちやすいのです。そのため火山灰土のムギ畑では「麦ふみ」をします。それは雑草を踏みつけるのが目的ではなくて、霜柱で持ち上がった、発芽して間もないムギの苗もとや、まわりの土を踏み固め、凍霜害を防ぐためです。私は、苗箱に秋播きした野草の種子が浮き上がってこないように、土壌表面にもみ殻をまいています。苗づくりに用いる土は粒子が細かいため寒い冬は霜柱が立ちやすく、播きつけた種子が表面に露出し、低いところにかたまってしまうからです。

ミミズが穴を掘ったりモグラが土を盛り上げると、一次散布された種子は土壌の深い場所に移動するようです。図2-6から、ミミズが生息している土壌では、生息していない場所とくらべ、スズメノカタビラ、ハコベ、ナズナの種子が、土壌表面付近からより深いところへ運ばれているのがわかります[10]。

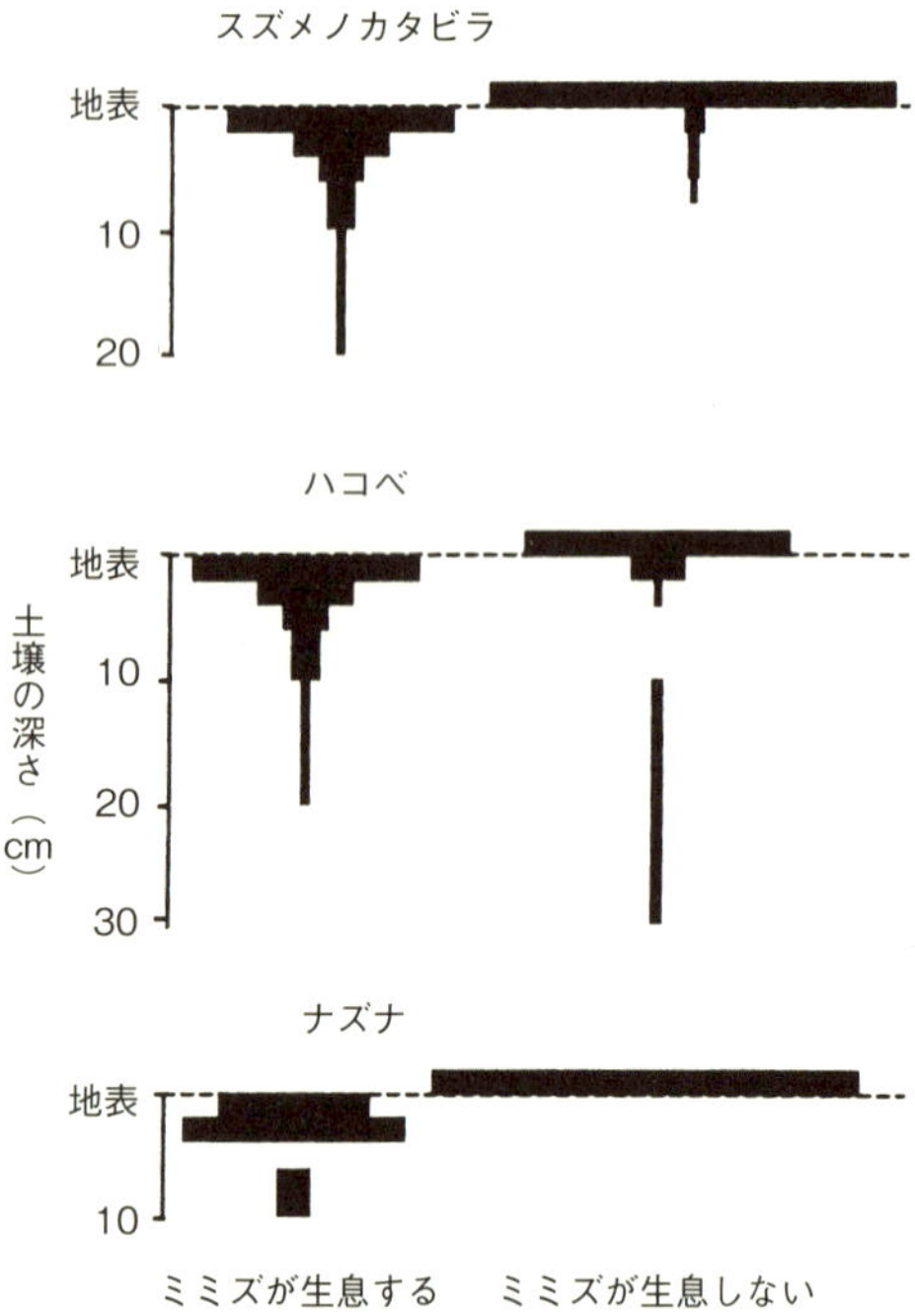

図2-6　ミミズの生息がスズメノカタビラ、ハコベ、ナズナの各種子集団に及ぼす影響
３種ともミミズが生息していると、土壌の深いところまで種子が移動していることがわかる
(van der Reest and Rogaar, 1988)

6　休眠と発芽のメカニズム

取っても取っても雑草が生えてくるのはなぜか

殺草力のある除草剤を使用できる現在でも、少し油断すれば畑や水田には多くの冬草や夏草が毎年同じように生えてきます。同じ場所からしつこく雑草が発生してくるのは、雑草種子には、①早産性、②長期間にわたる小粒種子の生産、③正常種子でもにわかに発芽しない休眠性にくわえて、④芽生えが一斉に発生しないという、除草するものにとってきわめて手ごわい特性があるからです。市販の園芸草花の種子のように、皆一斉に発芽して育ってくれないのです。

しかも、①〜④の特性は、どの雑草にも同じように備わっているのではなく、その程度が種や系統間でかなり異なるのも特徴です。長い間、人間が雑草を取りつづけた環境で、雑草が生きのびていくうえで有利となるこれらの特性をもつ個体が選択的に残ったというわけです。もし、雑草種子が除草という攪乱のない場所に定着した場合、これらの特性が役立つとは限りません。

雑草の早産性には、ⓐハコベのように、発生したら常に二〇〜三〇日という短期間で結実まで進むタイプと、ⓑ夏草のシロザ、メヒシバ、ヒメイヌビエのように、春に発生した個体は秋まで結実しないが、夏に発生した場合は早産性を発揮して大きくならないまま、秋までに正常な種子をわずかばかりつくるタイプがあります。ハコベは初夏から秋の終わりまで長期間にわたって小粒の種子をつくりつづけます。

ところでメヒシバの発生期と結実期について詳しく調べた片岡孝義によれば、いつ抜かれるかわからない畑の中のメヒシバは短期間で種子をつくるハコベ型早産性を、時々刈り取られる農道脇のメヒシバはいつ発生しても秋になると結実するシロザ型早産性を示し、管理法の違いによってタイプが異なっていることがわかりました。

休眠する種子

多くの雑草種子で観察される休眠性とは、「種子の内部に発芽の阻害要因が存在する状態[11]」のことで、発芽に適した環境下においても発芽してこない現象をさします。休眠するのは、①受精してからある程度発達した胚が未熟だったり、胚の代謝が阻害されている場合と、②種皮など胚を取りまく部分に何らかの原因がある場合に分けられます。②の原因として、胚が吸水したりガス交換ができないとか、発芽に光を要求する種子で光が透過しないなど、胚の成長を物理・化学的に抑制することが考えられ、そのメカニズムはかなり複雑です。マメ科の雑草に見られる、種皮が厚く、水を通さないため吸水できず発芽しない種子は、硬実種子といいます。

①や②が原因で発芽してこない状態を「一次休眠」といいます。シロザ、メヒシバ、ツユクサなどの落下直後の種子は一次休眠に入っていて晩秋に発芽することはありません。そして冬季の低温と湿潤条件に一定期間さらされると、休眠は覚醒され発芽してきます。

ところが、当該種子を取りまく環境が、例えば土中深くに埋没されていたり、また水田雑草のスズメノテッポウ、アゼガヤなど湿地の雑草は、土壌が乾燥していると発芽に不適切な状態となり発芽は抑制されます。このような状態にある種子を「環境休眠」中といっています。しかし休眠の定義は種子内部に阻害要因が存在していることですから、本来の休眠とはいえません。

目を覚ましても布団の外があまりに寒く起きてこられないようなものでしょう。布団の中でじっとしていると体が疲れたりしていればまた寝てしまうこともあるでしょう。これが「二次休眠」といわれるものです。本格的に寝てしまうわけです。

休眠から覚醒するために

雑草種子の休眠の程度は、種によってずいぶん違います。主な雑草の休眠程度と休眠覚醒温度を示したのが**表2–4**です。

採取したばかりの種子の発芽率が〇％を＋＋＋、五〜一〇％程度を＋＋、五〇％前後からそれ以上を＋で示してあります。覚醒する温度条件の高温とは三〇℃の湿潤条件、ただしスカシタゴボウは三九℃の結果です。一方、低温とは三〜一〇℃の湿潤条件で行ったものです。秋に芽生える冬草は高温湿潤条件に、春に芽生える夏草は低温湿潤条件に一定期間置かれると休眠覚醒することがわかります。

種子を休眠覚醒させる要因としては、高温湿潤や低温湿潤のほか、小粒あるいは微粒種子の場合は変温と光があります。種子サイズの大きい作物の多くは発芽に光を必要としません。逆に雑草では光

表 2-4　主な雑草の休眠程度と休眠覚醒のための温度条件

雑草名	主な生育期*	休眠の深さ**	覚醒温度	
			高温湿潤	低温湿潤
ヤエムグラ	冬生	+++	+	
スカシタゴボウ	冬生	+++	+	
タビラコ	冬生	+++	+	
タネツケバナ	冬生	++	+	
ノミノフスマ	冬生	++	+	
スズメノテッポウ	冬生	++	+	(+)
カズノコグサ	冬生	++	+	+
ツユクサ	夏生	+++		+
オオイヌタデ	夏生	+++		+
クワクサ	夏生	+++		+
アキメヒシバ	夏生	+++		+
タイヌビエ	夏生	+++		+
シロザ	夏生	++		+
エノキグサ	夏生	++		+
カヤツリグサ	夏生	++		+
メヒシバ	夏生	++		+
スベリヒユ	夏生	+		
イヌビユ	夏生	+		
ツメクサ	通年	++	+	
ハコベ	通年	+		
スズメノカタビラ	通年	+		

*冬生：10～11 月に発生、4～6 月に結実
　夏生：4～5 月に発生、8～10 月に結実
　通年：ほぼ 1 年中発生
**+++：休眠が深い、++：中程度、+：浅い
年中発生しているものは、休眠が浅いことがわかる
（伊藤操子『雑草学総論』〈養賢堂〉を一部改変）

を要求する種が多いのです。小さな種子は光要求性があると、土の中でどれくらいの深さに位置しているか知るうえで都合がよいのです。土中深くの光の届かない位置で発芽してしまっては、地表に出る前に力つきて死んでしまうからです。スズメノテッポウはかなりの深さからでもどんどん発芽しますが、それらは日の目を見ることなく土中で死んでしまいます。

人間の目で見れば均質な耕作地の土壌でも、微小な種子の目で見れば、そこはきわめて不均質な環境です。ですから、休眠覚醒のための最適温度や湿度、あるいは光条件にすべての埋土種子が同時に遭遇することはないでしょう。覚醒に最適な条件に遭遇しなかった種子がほどなく死滅すれば雑草防除の立場からはありがたいのですが、二次休眠にある雑草は長期間土中で生存しつづけます。一般に高温で多湿、あるいは極端な乾燥状態にあれば寿命が短くなります。しかし、鈴木光喜によれば二五年間地中三〇センチに埋土してあった畑雑草の中でも、ツユクサは一二～一五%、シロザは二～三%、スベリヒユは二%、エゾノギシギシは一～二%の発芽が認められたといいます。

土中で生きつづける種子

休眠を続けることで死滅することなく土壌中で生きつづけている種子を埋土種子と呼んでいます。その量は、土地の過去から現在に至る植生や土壌の状態と、管理状況に応じて大きく変化します。埋土種子量が最も多いのは農耕地、そして草地、森林の順に少ないことが知られています。農耕地の埋土種子数のきわめつけは、アメリカ・コロラド州のオオムギとトウモロコシとサトウダイコンを輪作した畑でした。その畑では、地表から二五センチの深さまでに一平方メートル当たり一三万七七〇〇粒の種子がありました。イギリスのコムギ畑では一平方メートル当たり三万四〇〇〇～七万五〇〇〇粒、北海道の農家の畑では一〇〇〇～一万六〇〇〇粒と、年や管理の仕方により大きく異なりました。水田の調査でも、二万五〇〇〇～三万五〇〇〇粒ありました。アカマツ林の埋土種子数は一二五粒から最大五〇五五粒と、林によって相当の開きがありましたが、[12]森林は農耕地とくらべ明らかに少ないことがわかります。

埋土種子集団を形成している雑草種子は、一定期間の休眠から覚めたとき、土中の浅い湿った場所に置かれていれば発芽します。ちなみに、この芽が土壌中を上方に伸長し、地表に現れることを出芽といい、出芽によって雑草の発生が確認されます。出芽するまでの幼植物の生育は種子内の貯蔵養分によってまかなわれるため、サイズの大きな種子ほど出芽可能な土壌深度は深くなります。種子サイズの大きいツユクサは、一〇センチより深いところからでも出芽してきます。

これまで述べてきたさまざまな特性を生かして、雑草が一斉に出芽してくれるなら、生えてきたときに抜き取るなり除草剤を散布すれば雑草は消えてなくなるでしょう。ところが雑草の発生はだらだらといつまでも続くことが多いのです。この雑草の不斉一性といわれる現象は、①雑草の個体間および個体内で生産される種子の休眠性のばらつきと非休眠種子の発芽のばらつきを作物を栽培する過程で人間が助長してきたことと、②定着した小さな雑草種子からすれば、私たちが均質に耕した畑といえども土壌水分や温度条件、光環境が不均一であることから生じます。したがって不斉一性という現象を抑えるのは非常に難しいといわざるをえません。

第3章　雑草社会の仕組みを探る

1　農耕地で生き残るために

前章では主として、作物を栽培する農耕地に侵入してきた耕地雑草の特性について概述しました。そこには丹精こめて育ててきた作物があり、それが招かれざる客人の雑草に打ちのめされることのないよう、草抜きや中耕、また戦後は除草剤を頻繁に散布して排除してきました。ですから、次に草抜きや中耕されるまでの、あるいは寒くなるまでの季節的に制約された、ごく限られた時間内でも子孫（種子など）をつくるという特性を獲得すること、これこそが耕地雑草が生存しつづけるうえで、きわめて重要な特性でした。

そこで耕地雑草は、①多年生よりも一年生、あるいは短命植物が圧倒的に多く、②正常に生育する個体でも、冬が近づくころ発芽したものは、そのまま成長し枯死するのではなく、ごく小さなものでも種子をつけるという可塑性を発揮します。さらには、③種子によって再生産された個体群の初期成長速度や休眠の程度が、個体によって大きくバラつくという特性まで獲得したわけです。

多年生雑草の場合は、枯死させるために中耕して切断した地下部（根茎や横走根《おうそうこん》）からしばしば不定芽を生じ、攪乱がその生育範囲をむしろ広げるという、雑草を排除する者にとって当初のもくろみとは逆の特性を獲得したのです。

例えばヨモギ、ヒルガオや、休耕地のセイタカアワダチソウ、チガヤは、根茎が切断されればその脇芽から萌芽します。スギナは根茎片のほかに塊茎からも繁殖が可能であり、その根茎は地表近くから地下六〇センチの深さまで分布しています。一方、ヨモギやセイタカアワダチソウの根茎は浅く、多くは一〇センチの深さに分布します。セイタカアワダチソウの場合、五センチの根茎断片からの萌芽率は、一〇センチの深さなら八〇％以上で、三〇センチの深さでもわずかですが萌芽するようです。ヒルガオの根は三〇センチくらいの深さまで分布していて、切断すればどこからでも萌芽します。

多年生雑草はこのような横に広がる根茎をもつ横走タイプと、エゾノギシギシやタンポポ類などの単立タイプがあります。単立タイプでも切断されると、直根の地上に露出している短縮茎と根の上部は、そのどちらからも萌芽します（第2章図2–2）。単立タイプにはムラサキカタバミのような鱗茎《りんけい》をもつものもあります。新しくつくられた鱗茎は親の鱗茎からはずれやすいので、注意深くそっくり掘り取らないかぎり、土壌の攪乱がその生育範囲を拡大することにつながります。ハナニラの場合も同様で、今やわが家の庭の強害雑草となっています。

2　非農耕地では再生力をつける

多年生雑草の刈り取り後の再生力

本章では、農耕地のように徹底的に排除されるのではなく、雑草をくり返し利用する野草地や、じゃまにならないように刈り取られたり火入れされる水田の畦、あるいは河川の堤防や道路の法面、踏みつけられる公園の芝生地など、人間によってたえず抑制されつづける雑草たちにフォーカスを当ててみることにします。そこでは再生力のある複数の多年生雑草が定着し、種社会を形成しているのが普通です。

まずは、多年生雑草が示す再生の仕方を見ていきましょう。一般に多年生雑草は春先になると、地中や地表面付近にある休眠芽が地下部に蓄えてあった養分を使って成長を開始します。その芽がもとになった地上茎は葉を展開してさかんに光合成を行い、生産された光合成産物は次第に地下部へ転流、地上部は枯死するが、地下部の栄養器官は肥大しつつ充実して冬を迎える、という生活史をくり返しています。

上記の生活史の中で刈り取りや踏みつけ、火入れという攪乱を受けると、さかんに成長していた頂芽が失われたり著しく痛めつけられます。するとそれに代わって休眠していた側芽が伸長してくるのですが、この再生力は雑草の種類によって大きく違います。

後述する雑草社会の親分（優占種）となるススキ、チガヤ、シバなどが、刈り取りに対してどんな反応を示すのか見ていきましょう。

ススキ

ススキは日本の原野に生育している在来野草の中で、面積、量とも最大を占めるイネ科雑草です（**図3-1**）。ススキの株の中で、穂をつけた茎（出穂茎）は年を越すことなくすべて枯死しますが、秋に出穂茎と同程度の新しい萌芽茎ができてきます。萌芽した茎は年を越し、翌年の早春に茎の高さから葉を出します。

図3-1　ススキ
在来野草の中で、分布面積や量が最も大きい

また出穂しなかった生育当年に分けつしていた無出穂茎も、地表近くに成長点（幼穂形成原基）があるものは葉だけが枯れ、翌年に茎の上部から葉を出します。

そのため、晩秋に茎葉中の養分が地下器官に移り貯蔵されたころ、年に一回地表近くの成長点を残して刈り取れば翌春さかんに成長し、ほかの雑草に先んじて草丈を伸ばし優占種になります。しかし肥えた土地でも、春、夏を含め年に二～三回刈り取るとススキは急速に衰えます。

今から一世紀も前（明治四四年）、茨城県高萩のススキ草地で、①二年に一回九月刈り、②毎年九月刈り、③毎年六月と九月刈りを一〇年間継続した大迫元雄の試験では、地上部現存量と草丈は①、②の順で減少していき、一番減少した③の場合は一〇年間でススキ草地がシバ草地になりました[1]。

図3-2　穂を出したチガヤの大群落
静岡県御殿場市で6月に撮影（提供／木村保夫氏）

チガヤ

イネ科のチガヤは世界に広く分布する強害雑草ですが、晩春から初夏のころ、ツバナと呼ばれる銀白色の美しい穂を出すので昔から親しまれている草です（**図3-2**）。甘みのある穂先を吸ったことのある人も多いでしょう。

チガヤはこの穂軸を生ずる以外、地上に茎を出しません。ススキのような株を形成することなく、土中の地下茎の節から細長い葉を地上に均等に出し、五〇～六〇センチの高さまで垂直に立っています。したがって、刈られても家畜に喫食されても、細胞分裂している成長点が地下にあるため傷つくことなく、円滑かつ速やかに再生します。五月中旬ごろの刈り取りが最も再生力が旺盛で、春から秋にかけ二～四回刈り取るとチガヤが優占してきます。

シバ

ゴルフ場や公園の広場を覆うシバ（**図３－３**）は、均等に網目状に広がる細い地下茎のマットを、地表面から地下三センチくらいの範囲に形成します。短い直立した茎に生ずる葉の長さは一五～二〇センチで、日本を代表する短草型のイネ科草です。シバは刈り取られたり踏みつけられると、直立した茎が匍匐《ほふく》茎に転化し、そこに二次的に直立茎を出し、また節からひげ根と不定芽を生じます。

四月下旬～一〇月末日の間、一週、二週、三週、五週の間隔で刈り取りをくり返したところ、刈り取り間隔が短くなるにしたがい、シバの総生産量は増加したといいます[2]。シバは葉を刈りこんだほうが成長がさかんになり、手先で六〇回つみ取ったほうが、三〇回や四〇回のつみ取りより総生産量が多かったといいます[2]。しかしながら非常に日光を求める好日植物なので、草丈の伸びる雑草が侵入してくれば、日光がさえぎられてたちまち衰えてしまいます。

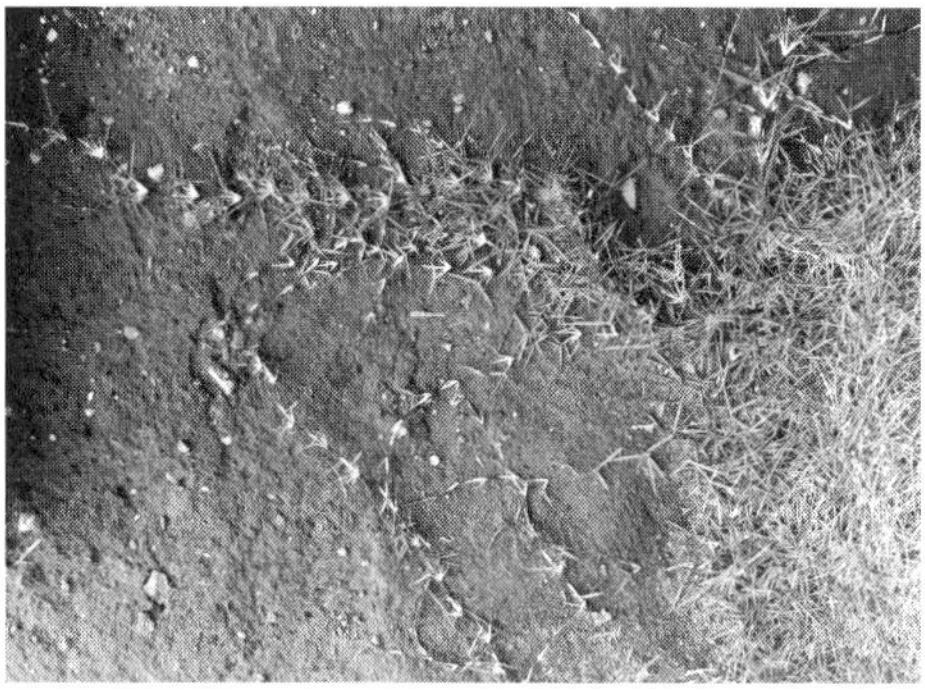

図３-３　地下茎を伸ばして裸地空間に広がっていくシバ

ササ類

ササ類も大群落を形成するイネ科草ですが、ミヤコザサ、クマザサなどササ属（*Sasa*）は刈り取りや放牧に弱く、そうした条件下では速やかに衰退します。一方、メダケ属（*Pleioblastus*）のネザサは刈り取りや放牧に非常に強く、静岡県以西の本州、四国、九州に分布するネザサはシバやトダシバとともに、放牧草地の重要な構成種になっています。メダケ属でも関東や東北地方に分布するアズマネザサは放牧に弱いのですが、管理を放棄した里山では草丈が二〜三メートルの密な群落となり、ほかの林床植物の棲み場所を奪っています。

マメ科

日本在来のメドハギ、コマツナギ、ナンテンハギ、ヤマハギなどマメ科の野草は、刈り取りに対する再生力が、ヨーロッパから導入したマメ科牧草のホワイトクローバーやレッドクローバーのように強くありません。ヨーロッパの有畜農業の国々では、古代から家畜を飼育していたので、家畜に食われても食われても芽を出す再生力の強いマメ科牧草が生まれたのです。

ヒメジョオン、ヨモギ、エゾノギシギシ

オーチャードグラスというイネ科牧草が優占している人工草地に生育する、越年生雑草のヒメジョオンと多年生雑草のヨモギとエゾノギシギシの再生力について三年間にわたって調べてみたところ、ヒメジョオンは刈り取りが少ないか、まったく刈り取らない場合に年々その発生量が減少していきました。逆に刈り取った場合は上に向かってよく成長し、先端には花芽をつけたのです。

これに対しヨモギは、刈り回数が少ないかまったく刈り取らない場合に優占してきました。ヨモギは一度その生育空間を確保できれば他種との競争に強いのですが、刈り取り回数が増えると上方への再生が遅いため、周囲の植物に地上部を覆われてしまいます。

人工草地の強害雑草といわれているエゾノギシギシは吸肥力が大きく、相当刈り取っても支障なく再生します。年に二〜八回程度の刈り取りでは顕著な影響はなく、刈り取らない場合と地上部はほとんど変わりません。

一年生雑草の再生力

ここまで多年生雑草の刈り取り後の再生力について見てきましたが、越年生雑草や一年生雑草も再生力に乏しいわけではありません。夏草として農民を悩ませてきたメヒシバや、ヒエの再生力は驚異的です[2]。六月一九日〜一〇月一五日に六回刈り取ったメヒシバの総生産量は、一平方メートル当たり六〇二五グラムで、六月末〜八月中旬の再生力が大きいのが特徴です。

ノビエは、七月一五日〜一〇月一一日に四回刈り取った総生産量は、一平方メートル当たり八〇〇一グラムにもなりましたが、再生力は七月中旬までが最大でした。

ツユクサも再生力が大きいようです。

日本人は刈っても刈っても生えてくる夏草に悩まされてきたわけです。

このように生産力が大きいのだから、発想を転換して夏の冷涼なヨーロッパからやって来た牧草の夏場の生産力の衰えを補うために使う、という考えもありました。(2) しかし、日本では在来の夏草を評価することなく、耐暑性のある牧草づくりの方向に進みました。

刈り取りと再生力の関係

刈り取りはその雑草の、①光合成にかかわる地上部をどの程度取り除くかと、②成長点である頂芽が刈られるか否かで、その後の再生力を大きく左右します。頂芽が刈り取られた場合、休眠していた側芽や不定芽が萌芽しない限り、成長はストップするでしょう。したがって刈り取る高さが頂芽や萌芽可能な側芽や不定芽の上か下かで、再生の良し悪しが大きく変化するでしょう。

例えば、地上部がまだほとんど枯れている春先に地上二〇センチから刈り取れば、短草のシバはまったく影響を受けないし、ススキやチガヤも枯れた地上部が持ち去られるだけで、地下の貯蔵養分や頂芽は残ります。しかし地際《じぎわ》から刈り取れば、ススキは成長点を失い枯死する株も多いでしょう。

中国山地でススキを、地表、地上三センチ、地上五センチから六月下旬に刈り取った試験では、茎の再生率がそれぞれ三三％、五三％、七五％で、高く刈ったほうが成長点に及ぼす影響が少ないことは明らかです。(3) 中国地方では、頻繁に刈り取りを行うとススキが衰退し、トダシバが増えることが知られています。これはススキ草地ではススキの成長点が五・五センチなのに対し、トダシバは四・七センチとわずかに低いためだろうといわれています。

ちなみに、成長点が地下にあるチガヤに対する効果は、地際で刈っても二〇センチ刈りでも大差はないでしょう。シバの場合は刈り取りの刺激を受け、刈り取らないよりむしろ成長がよくなります。刈り取りの回数や高さだけでなく、その時期も雑草によっては影響が異なります。例えばヒメジョオンは、六月に刈り取れば再生して開花するまで成長しますが、七月の開花直後に刈り取れば、結実することなく次世代を残さずに枯死します。

ここまでわかっている範囲で刈り取りと雑草の関係を紹介してきましたが、実は数多くある日本の在来雑草や野草が刈り取りに対してどう反応するかは、まだ十分に解明されていません。

3　踏みつけられても焼かれても再生する

踏みつけと再生力

踏みつけは葉や茎を傷つけ、また土壌を踏みかためることで、根や地下茎の伸長を阻害し雑草の成長を抑制します。校庭の踏まれ方の異なる場所に生えてきた雑草たちの特徴を見たのが表3–1です[4]。踏まれ方の程度によって校庭を、

大：いつもよく踏まれるところ
中：時々踏まれるところ

小：あまり踏まれないところ

の三つに分け、そこに生えていた雑草の種類ごとに、はびこり方の程度を、

＃：一面に生える

＃：わりあい多く生える

＋：少し生える

－：まったく生えない

の四段階にクラス分けして記載してあります。

踏みつける程度と発生してくる雑草との関係を見て取ることができます。踏まれ方の大きいところでは、スズメノカタビラ、オオバコ、シロツメクサ、イヌムギ、ミチヤナギが多いようです。岩瀬徹は踏まれ方の大きいところには、オオバコ、タンポポなど地際から茎を放射状に広げるロゼット型（r）、スズメノカタビラ、チカラシバなど地際から細かい葉が群がって出る叢生《そうせい》型（t）、そしてギョウギシバ、シロツメクサなど茎が地表を這う匍匐型（p）が多く、これらの生育型は踏まれ方が小さくなると減少する傾向があるといっています[4]。

しかし分枝型（b）のヤハズソウやミチヤナギのように、草丈が通常四〇～五〇センチ伸びるものが、踏まれれば一〇センチ程度まで低くなって生き残る雑草があったり、匍匐型でもヘビイチゴやミツバツチグリなどのように踏みつけに強いとは思えない雑草もあります。

生育型だけで踏みつけの程度は評価できませんが、踏みつけないとヒメジョオン、ヨモギなど上方

表3-1　校庭（千葉市内）の踏まれ方の違う場所に発生した雑草

植物名	生育型	踏まれ方		
		大	中	小
スズメノカタビラ	t	卌	卄	−
オオバコ	r	卄	卄	−
シロツメクサ	p	卄	卌	−
イヌムギ	t	卄	+	卄
ミチヤナギ	b	卄	卄	−
マメグンバイナズナ	pr	+	卄	−
セイヨウタンポポ	r	+	+	−
ハマスゲ	t	卄	−	−
ギョウギシバ	p	+	卄	−
チカラシバ	t	+	−	+
カモジグサ	t	+	+	−
ヨメナ	pr	−	卄	+
アレチギシギシ	ps	−	+	卄
ブタクサ	e	−	+	+
メヒシバ	t	−	卄	−
ヨモギ	e	−	+	+
ヤブカラシ	ℓ	−	+	卄
カゼクサ	t	−	+	卄
ギシギシ	ps	−	+	−
ニワゼキショウ	t	−	+	−
ナギナタガヤ	t	−	−	+
スズメノチャヒキ	t	−	−	卄
イタドリ	e	−	−	卄
アズマネザサ	e	−	−	+
アレチマツヨイグサ	pr	−	−	+
ヒメジョオン	pr	−	−	+
オオイヌノフグリ	b	−	−	+
オオアレチノギク	pr	−	−	+
カタバミ	p	−	−	卄
ノゲシ	pr	−	−	+
種類数		11	18	18

1966年6月17日調査
r：ロゼット型、t：叢生型、p：匍匐型、b：分枝型、ps：にせロゼット型
pr：一時ロゼット型、e：直立型、ℓ：つる型
卌：一面に生える、卄：わりあい多く生える、＋：少し生える、
−：まったく生えない
（岩瀬，1977：岩瀬徹・大野景徳『雑草たちの生きる世界』文化出版局より）

によく伸びる雑草が増え、つる型の雑草が侵入してくることは確かでしょう。踏みつけが極端に多くなれば雑草の生えない裸地になりますが、踏みつけがどのようなメカニズムで雑草の生育を抑制しているのか、抑制のメカニズムは十分解明されていません。

家畜による攪乱

雑草を踏みつけるのは人間ばかりではありません。放牧地では家畜が移動や休憩することによって踏みつけます。放牧地の家畜はさらに草を採食し、排泄するために、そこに生えている雑草はいろいろなタイプの攪乱を受け、生育が抑制されます。また家畜には嗜好性《しこう》があり、どの雑草でも同じように採食するわけではなく、また採食する高さも異なります。ウシは雑草を地際から食いちぎることはできませんが、メンヨウやヤギは根こそぎ食べてしまいます。排泄物が雑草に及ぼす影響も顕著で、家畜糞尿の近くの草は食べないので、好窒素性の雑草が繁茂して不食過繁地を形成します。刈り取り管理される採草地とくらべ放牧地の生態系はかなり複雑です。

野焼きと焼畑

野焼きや焼畑で古来より使われてきた火は、どの程度雑草や野草の生育を抑制する力があるのでしょうか。

ススキ草地やシバ草地で火入れしたときの温度の垂直分布は、枯れ葉の堆積状態や風向きによって変化しますが、最高温度はいずれも地上約二～一〇センチの高さに現れます。火入れ温度の高さは、枯れ草量が一平方メートル当たり五〇〇グラムまでは燃料の量が増加すると高くなりますが、五〇〇グラムを境に最高温度は横ばい状態になり、ススキ草地では五〇〇℃以上になります[5]（図3‐4）。地表面温度は、ススキ草地では三〇～一七〇℃、シバ草地では一〇～八〇℃となります。しかし、地下二センチでは高くても五℃上昇しただけでした[5]。

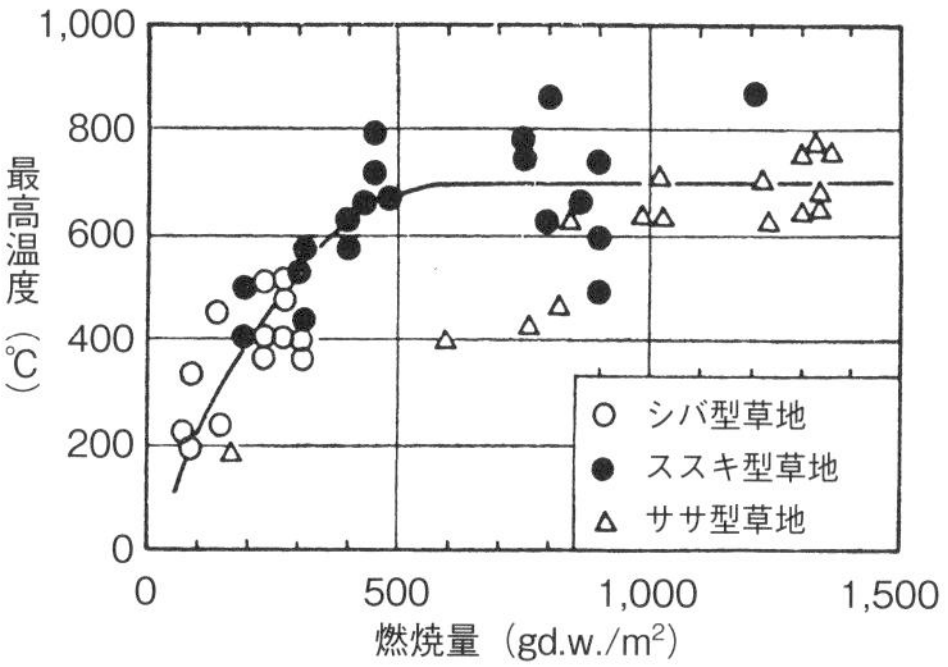

図3‐4　燃焼量の多少と最高温度

火入れ温度の高さには燃料になるものの量が最も大きく関与し、燃えた枯れ草量が1 m² 当たり500g までは、その量が増すにつれ最高温度も上昇した。最高温度はいずれも地上約2～10cm の高さに現れる
（岩波，1988：日本草地学会誌第18巻3号より）

早春の火入れはススキを刺激し、分けつ数が増え、枯死する茎も生じませんでしたが、ススキの成長点がかなり上昇する五～六月に火入れをすると枯死茎が増えました。

シバ草地は枯死葉や茎の量が多くないため、地上、地下ともススキ草地ほど温度が上昇しませんでした。シバに対する影響としては、茎数は増加するが、草丈が短くなり、出穂率が低下するということがあげられます。火入れによって幼穂をもつ茎が枯死するためでしょう。ただし春先の火入れは、シバ草地に蓄まった枯れ草を焼くため、それによって遮光されていたシバの生育がよくなり、茎数は三〇～五〇％

も増加し、出穂も見られました。まだ地上部が動き出していない早春の火入れの影響は、休眠芽の位置によって違うのだと考えられます。

また、芽が地中にある地中植物のキキョウやワレモコウにくらべ、芽が地表に出ている地表植物のシロツメクサ、ネコハギ、カタバミのほうが、火によって傷つきやすいでしょう。

焼畑では、火入れによって形成された裸地空間に、まず風散布型雑草のヒメジョオン、ベニバナボロギク、オオアレチノギクが侵入します。また土中深くから出芽可能な埋土種子由来のツユクサが発生することもあります。そして三～四年経過すると多年生のヒヨドリバナやヨモギが増え、雑草防除が困難になってくると耕作を放棄します。

火が入った後の植生が再生するパターンは、残存部（栄養体）からの再生のほか、ツユクサなど残存埋土種子からの再生、ベニバナボロギクなど新たな侵入種子による再生、およびこれらの再生手段を混合してもっているものに分けられました(6)。ススキは栄養体と侵入種子との混合戦略、タケニグサやヨウシュヤマゴボウは埋土種子と侵入種子との混合戦略、ヤマハギやマルバハギは栄養体と埋土種子との混合戦略で再生します。

4　雑草社会のかたち

雑草社会とは

刈り取り、踏みつけなどの雑草を抑制する力（攪乱）が持続的に働いている田の畦、土手、公園の広場など非農耕地といわれるところには通例、幾種類もの雑草が混在して生えています。雑草たちはどんな社会を築いているのでしょうか。まずは雑草社会の構造を見てみましょう。

本書で雑草社会という場合、一種類の雑草、例えばカントウタンポポという種を構成する個体の集団（個体群：population）の特性について語るのではなく、何種類かの雑草の種が混在して観察される「群落：community」を意味しています。

非農耕地の雑草は通常、多数の種が混在しています。例えばスミレ、ジシバリ、ウマノアシガタといった雑草の可憐な花が混じり合って咲いているのが春の土手の雑草社会（群落）です。ここでは、その群落の実態――かたちと仕組みについてお話しします。

群落を構成する雑草の種類

生態学者は雑草社会のかたちを知るために、群落を構成している種類ごとに草丈（H）と広がり（C：単位面積当たりの占有率）を測定します。一般にHとCの積は、その雑草の地上部現存量と正の相関があります。そこでH×C値を推定現存量として左から大きい順に並べたのが図3-5です。多くの種が見られた七月の土手で一平方メートル中に出現した雑草の事例です。縦軸は対数メモリですから、構成種の現存量はかなり大きいものから小さいものまであることがわかります。このように非農耕地ではどの種も同じような現存量を示すことはまずありません。チガヤを優占種とした堤防上の雑草社会の模式図は図3-6に示したとおりで、季節やチガヤの優占度によって様相が大きく変化します。

グライムは群落構成種を大きいほうから優占種（dominants）、下位種（subordinates）、一時滞在種（transients）の三つのクラスに分け、クラスごとに構成種の役割が異なることを指摘しました。[7]

優占種　：通例、その数は少なく、形態的には草丈が高く、広がりがあり、群落全体の現存量の多くの割合を占めている。

下位種　：終始一貫して特定の優占種とともに生存する。通例、優占種より個体数が多いが、草丈は低く群落全体の現存量に占める割合は小さい。

一時滞在種：下位種とは著しく対照的に、群落内の異質な存在で、優占種との結びつきを欠く。ほとんどのものは芽生えや幼個体だけであり、当該群落への関与は非常に少ない。

雑草社会は、グライムが指摘したように、そこに優占している種の特徴によって強く影響されます（図3-6）。下位種や一時滞在種の種数の変動は、その社会にほとんど影響を与えないでしょう。また、潜在的な草丈の大小や、後述する生育型の違いによって生活空間や生育時期（春先と夏など）を棲み分けている優占種と下位種の終始一貫した組み合わせは、生育空間の利用をより完全なものにし、少なからず現存量の増加に寄与していると考えられます。

私は、雑草社会に大きな影響を与える優占種に属する種あるいは種群を、その社会の基盤（マトリックス：matrix）を形成するものと見なしています。下位種が、マトリックスに形成された生育可能な空間で生活史を全うする過程で、その成長を抑制したり枯死させる環境要因は、①芽生え、②栄養成長、③生殖成長の各相によって異なります。

例えば、①の相では、地表面の微細環境や当該下位種に固有の、優占種から排出される多感作用（アレロパシー）を起こす物質に対する感受性の程度などが成長の制限要因になるだろうし、②の相では、光合成や成長速度を制限する周辺マトリックス種の草丈や葉群構成と下位種の生育型戦術とのかかわり合い、③の相では、繁殖様式や種子散布様式などの特性の違いです。

上述の相互作用の結果、雑草社会の種多様性は決まってくると考えるのが「基盤形成多年生植物決定仮説」であり、その実証試験を東京大学の大黒俊哉教授や山田晋助教たちと開始したところです。

イネ科タイプと広葉タイプの優占種

雑草社会の具体的なかたちを理解するのに役立つのが、生産構造図（**図3−7**）です。戦後の何もなかったころ、東京大学の門司正三と佐伯敏郎は、サクラソウの自生地で有名な埼玉県田島ヶ原の草

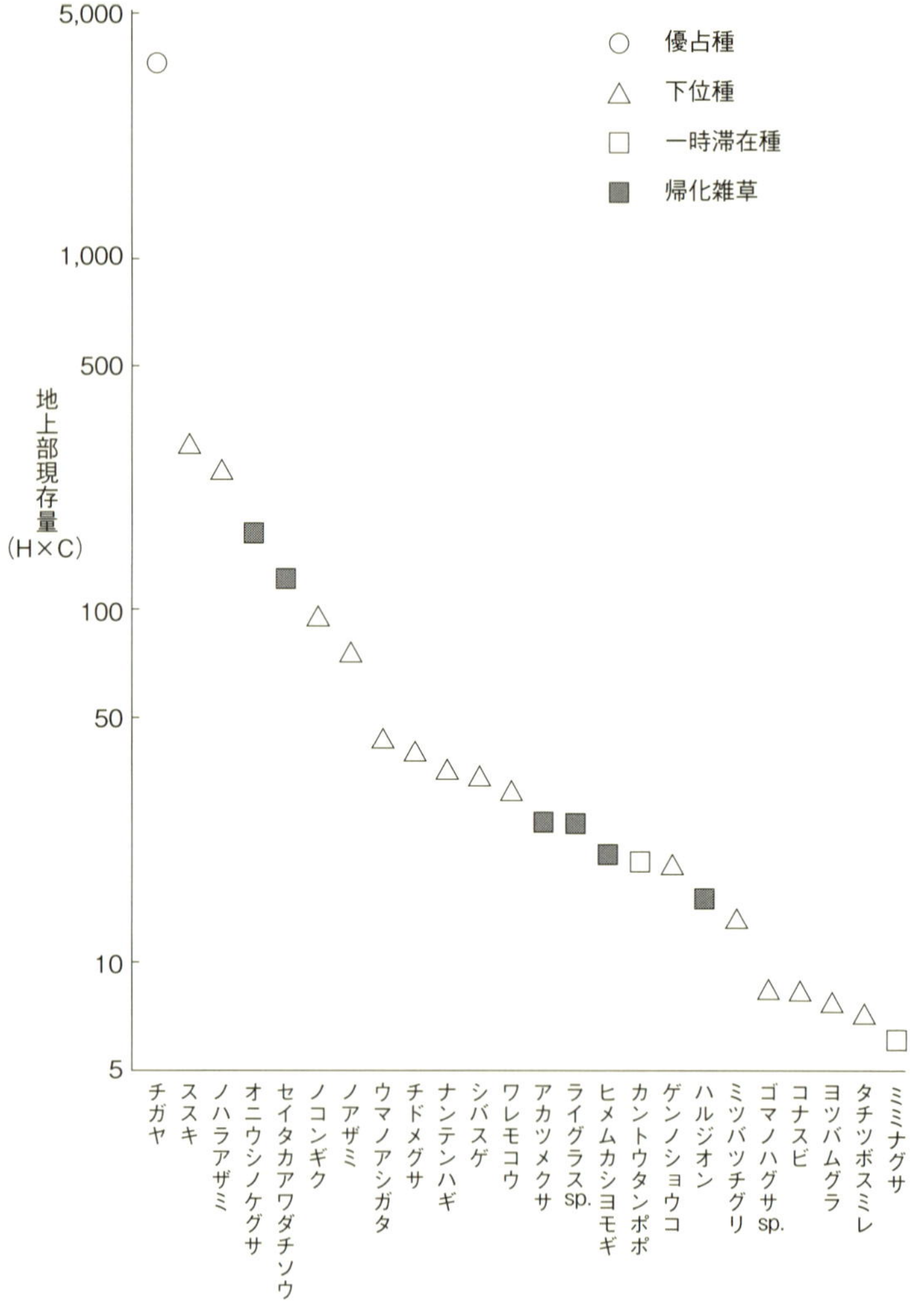

図3-5　チガヤ優占群落の現存量—順位関係（利根川堤防の一角 1 m^2 中に生えていた雑草について）

チガヤ優占群落にはいろいろな雑草が混在しているが、その現存量は大小さまざまである。また、帰化植物が侵入していても、その現存量がどれくらいあるかで群落に及ぼす影響は大きく異なる

（注）地上部の現存量は、高さ（H）と広がり（C）の積から求めた。

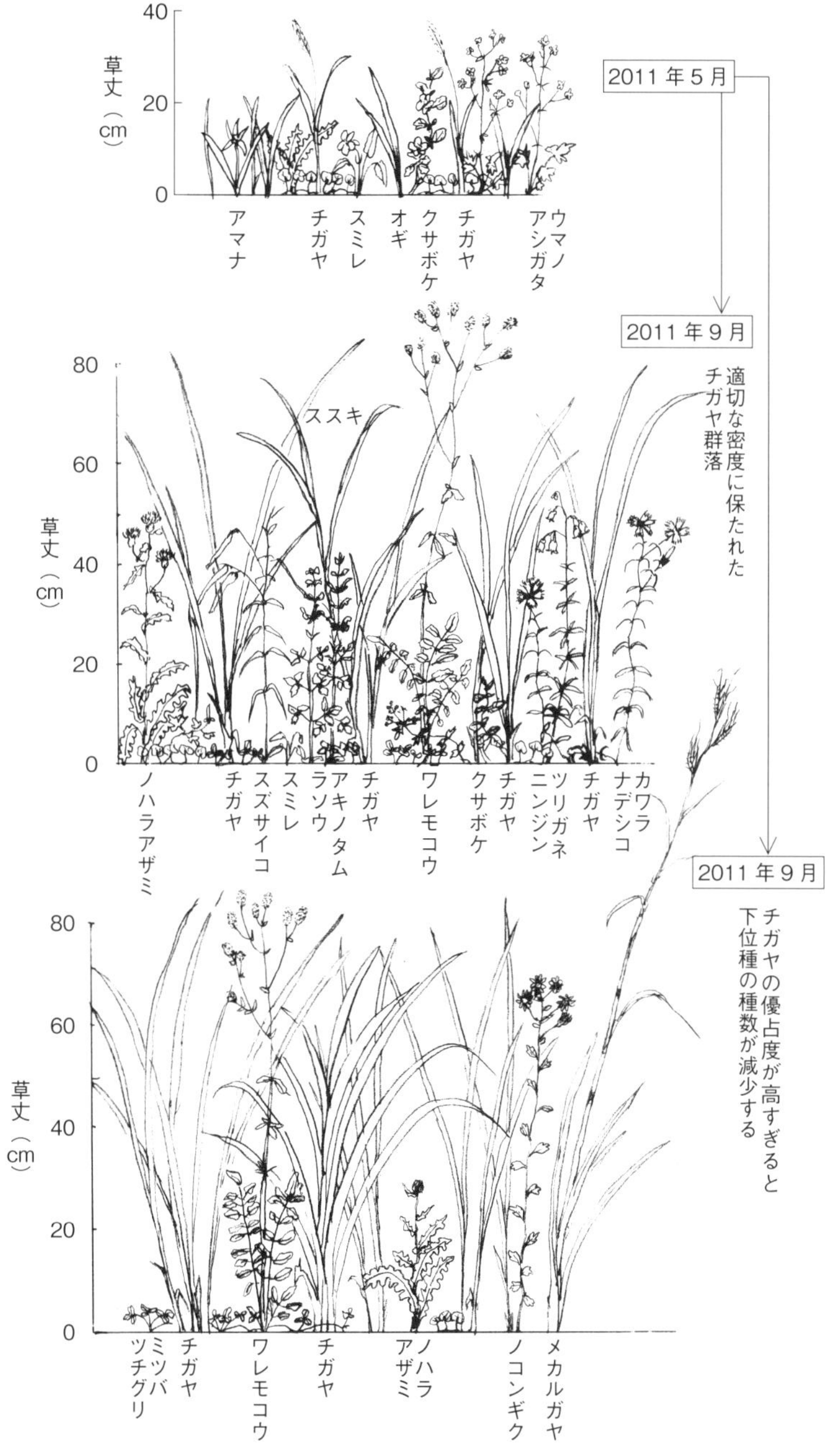

図3‒6　利根川堤防上の雑草社会の模式図

原で、物質生産の視点から、草原社会を構成している草本植物の社会関係を解析しました。[8]そのときに層別刈り取り法が考案され、はじめて生産構造図が作成されたのです。

まず、生産構造を知りたい群落内の地点に縦、横五〇センチの正方形の枠を設置します。次にその四隅に一〇センチきざみに印を付けたポールを立て、地表面を〇センチとします。そして自然の状態で縦、横五〇センチ、高さ一〇センチの仮想空間内に存在する地上部を上から順次刈り取って、葉、茎、繁殖器官を種類別に分けて重量を測定し、その値にもとづいて群落の垂直分布構造図を描きました。構造図の右半分に茎などの葉以外の地上部、左半分に葉の重さをそれぞれ高さ一〇センチの層別に棒グラフで書きこみます。この作業の前に層別に測定した光の強さを破線の曲線で垂直分布構造図に加筆したのが生産構造図と呼ばれるものです。植物体の物質生産を行っている、光合成に関与する葉が垂直方向でどこに分布しているかということと、葉とその他の部分をあわせた地上部の分布構造から決ってくるその場所の光環境がわかります。群落を構成している雑草の種類が判別できるような生産構造図を作成すれば、雑草社会の優占種や下位種の葉がどの高さに分布しているか、直感的に把握することができます（**図3-8**）。

草本群落の葉の垂直分布には、**図3-7**からわかるようにイネ科タイプと広葉タイプがあります。水稲のようなイネ科タイプは群落の下層に多くの葉を分布し、下がふくらんだような構造を示します。またイネ科タイプの草本のように葉の立つ群落では、地表面の近くまで光が到達します。そのため、私たちの調査地の、多くの種が混在するチガヤ群落では、下層にも草丈の低い下位種のツルボ、コナ

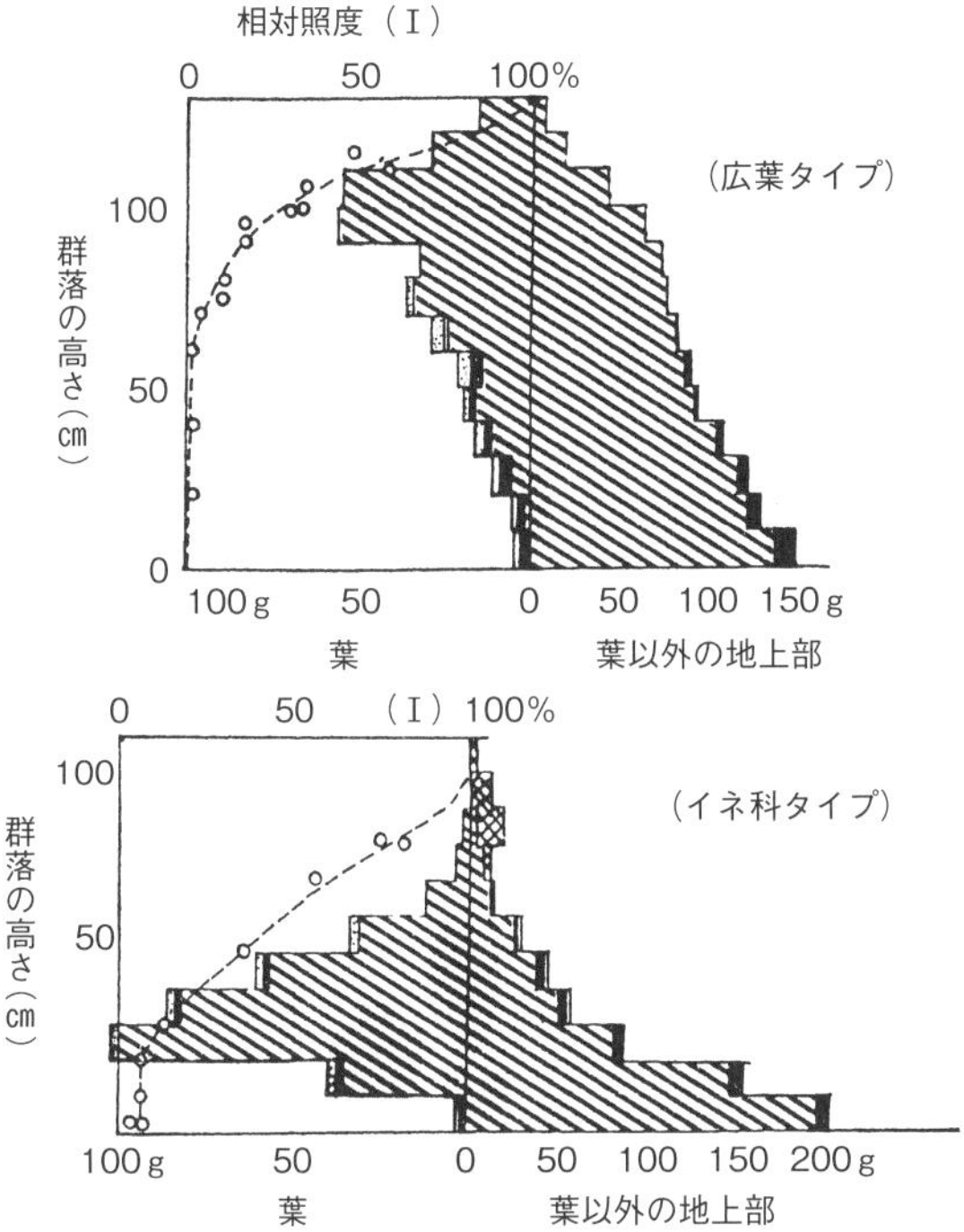

図3-7　広葉タイプ（アカザ）とイネ科タイプ（チカラシバ）の生産構造図

破線は群落内の光の強さを示す。広葉タイプの群落は多くの葉が上部についているため、イネ科タイプとくらべ、群落内の光量の減衰が大きい

(Monsi & Saeki, 1953：嶋田饒・川鍋祐夫・佳山良正・伊藤秀三『草地の生態学』築地書館より)

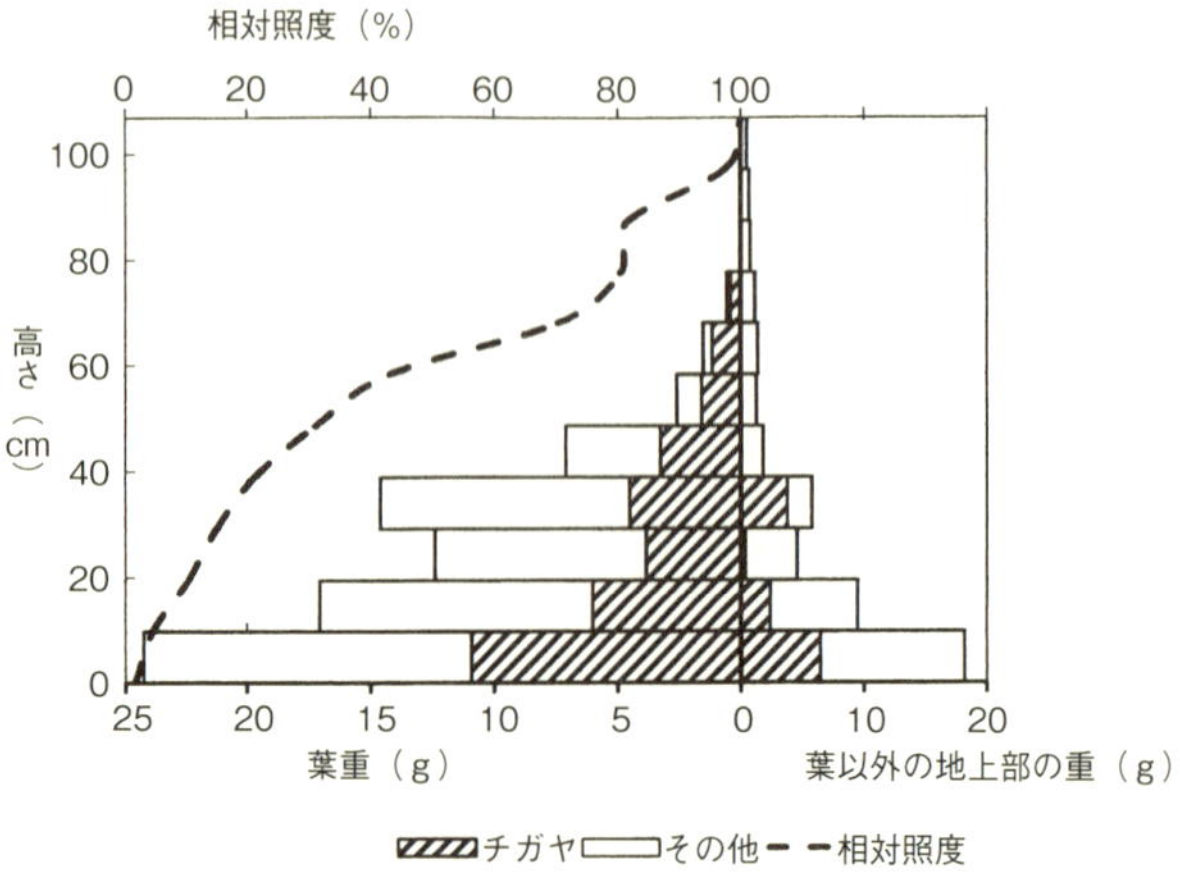

生産構造図

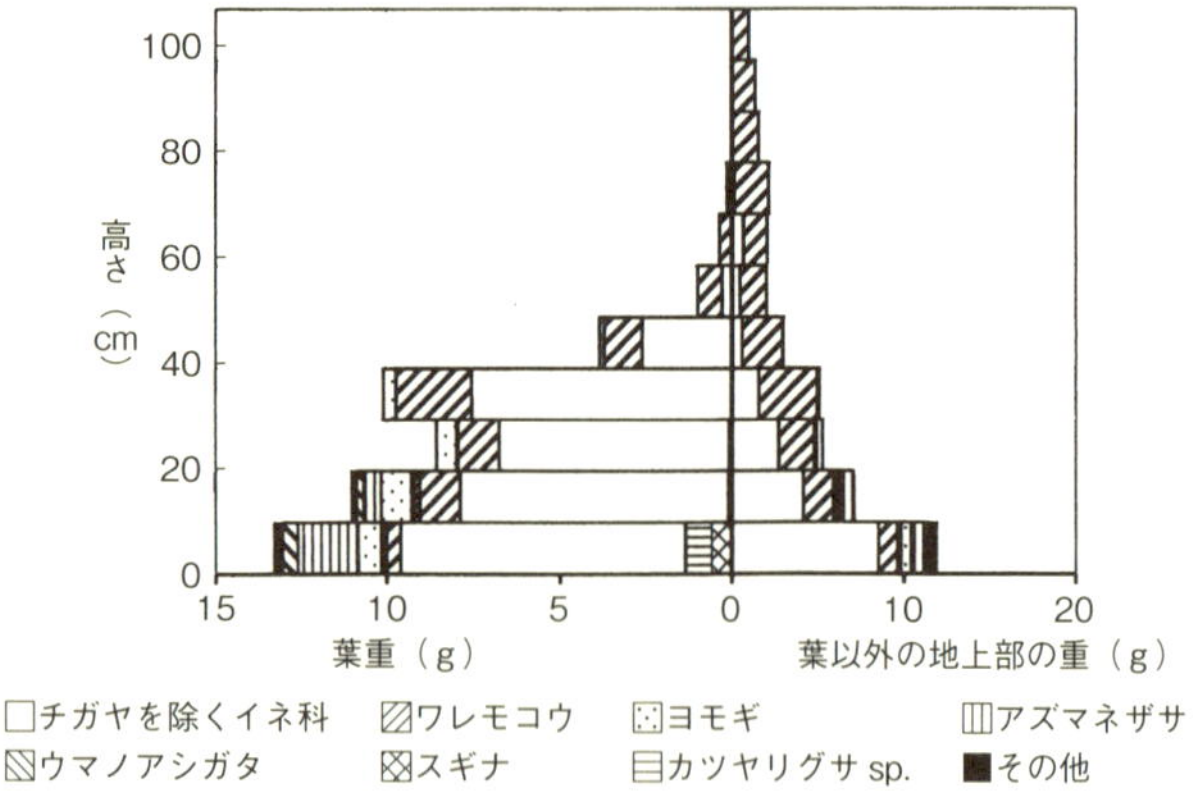

チガヤ以外の生産構造図

図 3–8　優占種のチガヤとほかの種を分けて作成した生産構造図（上）と横軸のスケールを拡大してチガヤ以外の種について見たもの（下）

この群落にはワレモコウのように優占種とほぼ同じ位置に葉を展開するものや、ウマノアシガタとかアズマネザサのように優占種の下方で生育しているものがあることがわかる（阿部真生，2013）

スビ、ヨツバムグラ、ナンテンハギなどが育っているのです。

一方、ホソアオゲイトウのような広葉タイプでは、群落上層部に最も葉量の多い部分が見られます。葉がほぼ水平に群落の上層部に広がるこのタイプは、地表面まで光が届きにくいのです。しかし、広葉タイプでも個体がまばらに生えているときはイネ科タイプとなり、逆にイネ科でもオギやヨシの高密度群落では広葉タイプになります。

上述のように雑草社会の構成種は皆平等というわけではありません。当該雑草社会を特徴づけているのは、優占種か二、三の優占種群です。雑草社会は人間社会に例えるなら上下関係のはっきりしていた封建社会に似ているので、私は学生が親しみやすいように優占種を親分、下位種を子分にみたてて講義をしています。力量のあるススキやチガヤ親分のように多くの個性的な子分を育むものから、従える子分の少ないヨシやセイタカアワダチソウのような親分もいます。

草丈の異なる三つのグループ

草地や土手など非農耕地の雑草社会のかたちは、ススキやセイタカアワダチソウなど草丈の伸びる雑草が優占種となる場合、季節とともに大きく変化します。森林のように通年ほぼ同じかたちを保っているわけではありません。春になれば優占種の茎が伸びはじめ、夏には厚みのある骨格ができあがります。それもつかの間で、秋になれば地上部が枯死するものが現れ、やがてすべての地上部が枯死します。

ススキ優占社会では、上層にススキ、オオアブラススキなど草丈の高い雑草、中層にアキカラマツ、シラヤマギク、オカトラノオなど、そして下層にはフキ、タチツボスミレなど、草丈の異なる三つのグループが観察されます。

雑草類の開花期は、春先の草丈の低い種から草丈の高い種へと移っていきます（第1章図1-10）。生産構造図で二つに分けて示した葉以外の地上部（茎）C（非光合成系）と葉F（光合成系）の重量比（C／F比）が、ススキなど上層類は常に一・〇以上でした。興味深いのは、中層類は〇・五〜一・〇、下層類は常に〇・五前後の値だったのです。このことから、上層類は、茎にまわす光合成産物の量を多くするという、伸長成長に有利な生育特性をもっていることがわかります。

デンマークの有名な植物学者ボイセンイェンセンは、植物社会の中で他種との競争がある場合、高さが重要であり、木本は低木より、低木は草本より、光をめぐる競争において有利な生活形であると考えました[9]。例えば、岩城英夫の実験はこの考えを実証したものです。

彼の行ったソバとヤエナリの実験では、別々に栽培すれば、ソバとヤエナリの地上部現存量は大差がないか、場合によってはヤエナリのほうがよかったのです。ところが、両種を混植すると圧倒的にソバが優勢となりヤエナリの成長が抑えられました（図3-9）。葉をつくることに重点をおいて光合成産物を使うヤエナリは単植では有利でも、光合成産物を茎の成長に多くまわし、草丈を伸ばすことのできるソバとの混植では、すっかり抑えこまれてしまったのです[10]。

ちなみに、ススキ優占社会の草丈の低い下位種は、ススキに庇蔭《ひいん》される前、まだ十分光がある時期に成長し開花することで、光に関して優占種と季節的に棲み分けているようです。

ところで、規則正しく作物を植えつける水田や畑では、これまでお話しした群落の垂直分布を解析することで、植物社会の構造はかなりのところまで解明できます。非農耕地でも、親分がチガヤやシバなどの比較的均一に生えるものなら、同じように考えてもよいでしょう。しかし土壌中の養分や水

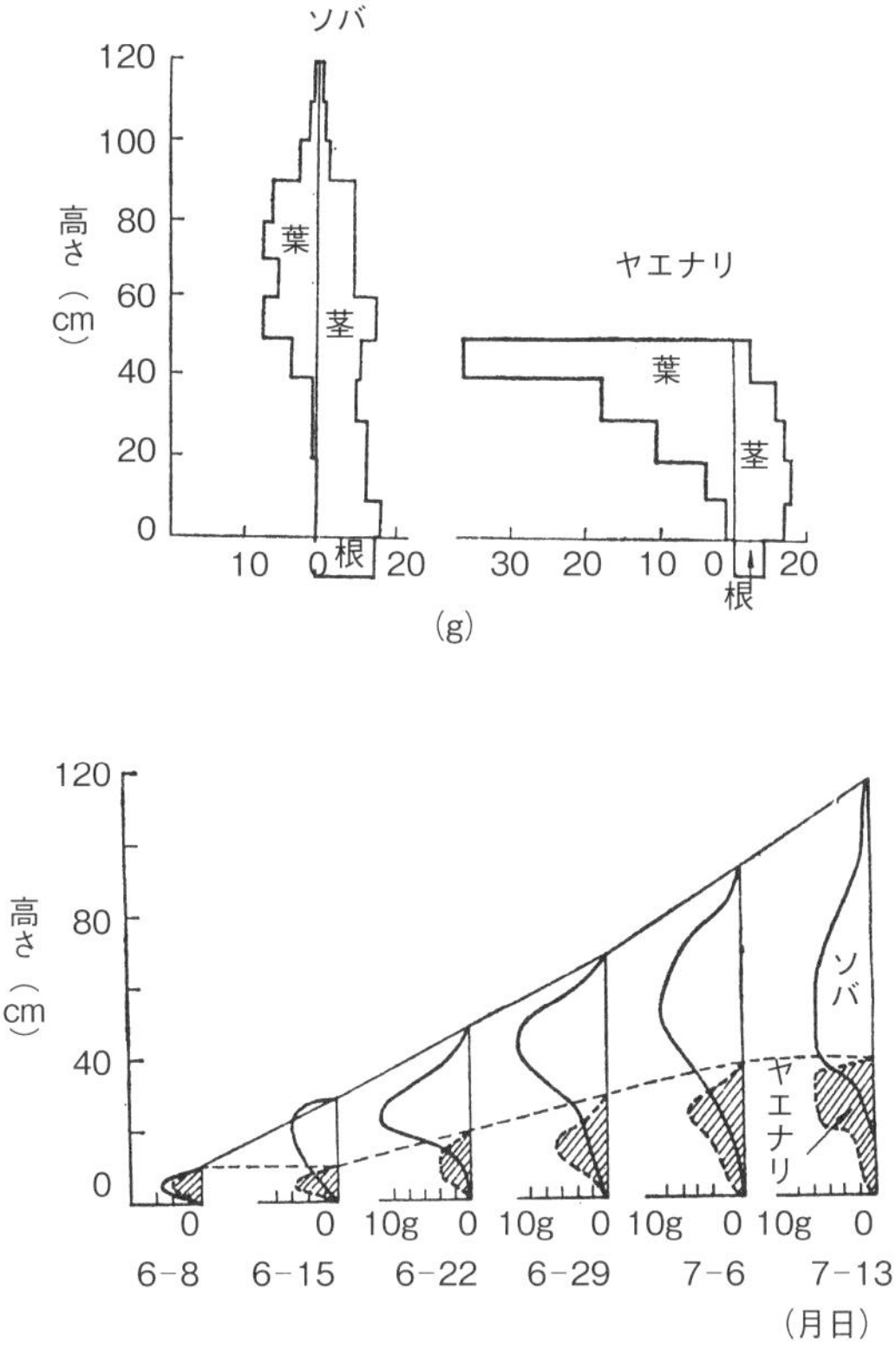

図3-9　純群落のソバとヤエナリの構造（上）とソバ・ヤエナリ混植群落の葉層の発達（下）

ソバとヤエナリは別々に栽培すれば地上部の重量は大差がない（上）。しかし混植すると草丈のよく伸びるソバがヤエナリの生育を抑制するようになる（下）

（岩城英夫『草原の生態』共立出版より）

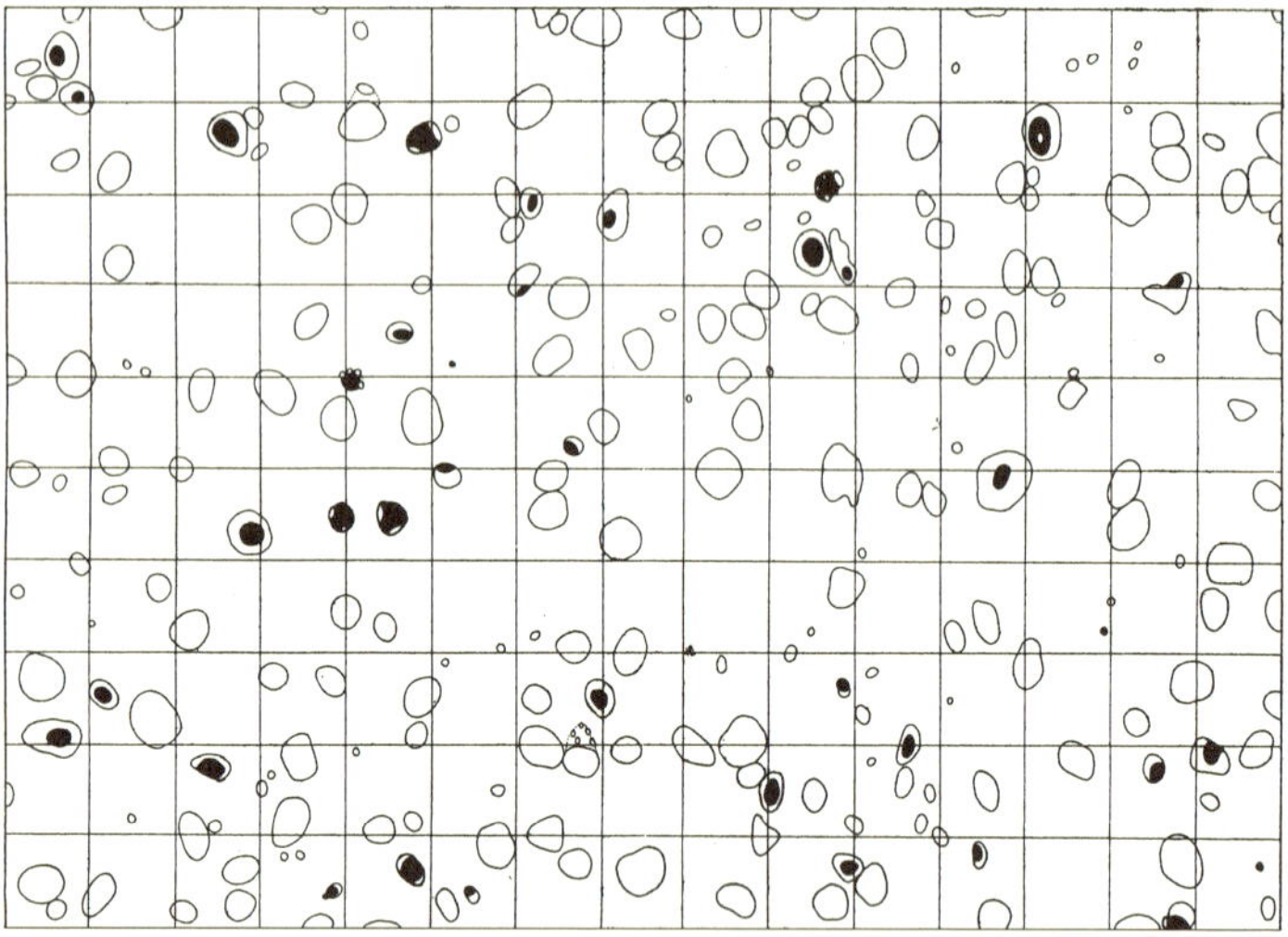

図3-10　ススキ草原におけるススキの分散図（10 × 15m²、東北大学川渡農場、1964年6月29日）
黒い部分は枯死している。周りのドーナッツ状に残ったところから株が再び成長していく（嶋田饒，1964：沼田真編『図説 植物生態学』朝倉書店より）

分あるいは微地形が違っていたり、親分がススキのように株化するものとか、チガヤ―ススキ型群落のように、二人の親分が混在している社会では、平面的な分散についても明らかにしなければなりません。

図3-10は、宮城県西部山地のススキ草原で、親分となっていたススキの分散を示したものです。ススキ株がないところには、下位種のワラビなどが生えています。この草原のようにいくつもある生育可能空間の形や大きさが違うと、下位種もワラビやシバのように地下茎で広がるものと、単体のヤマハギやオオバコでは、分散の仕方が異なってきます。

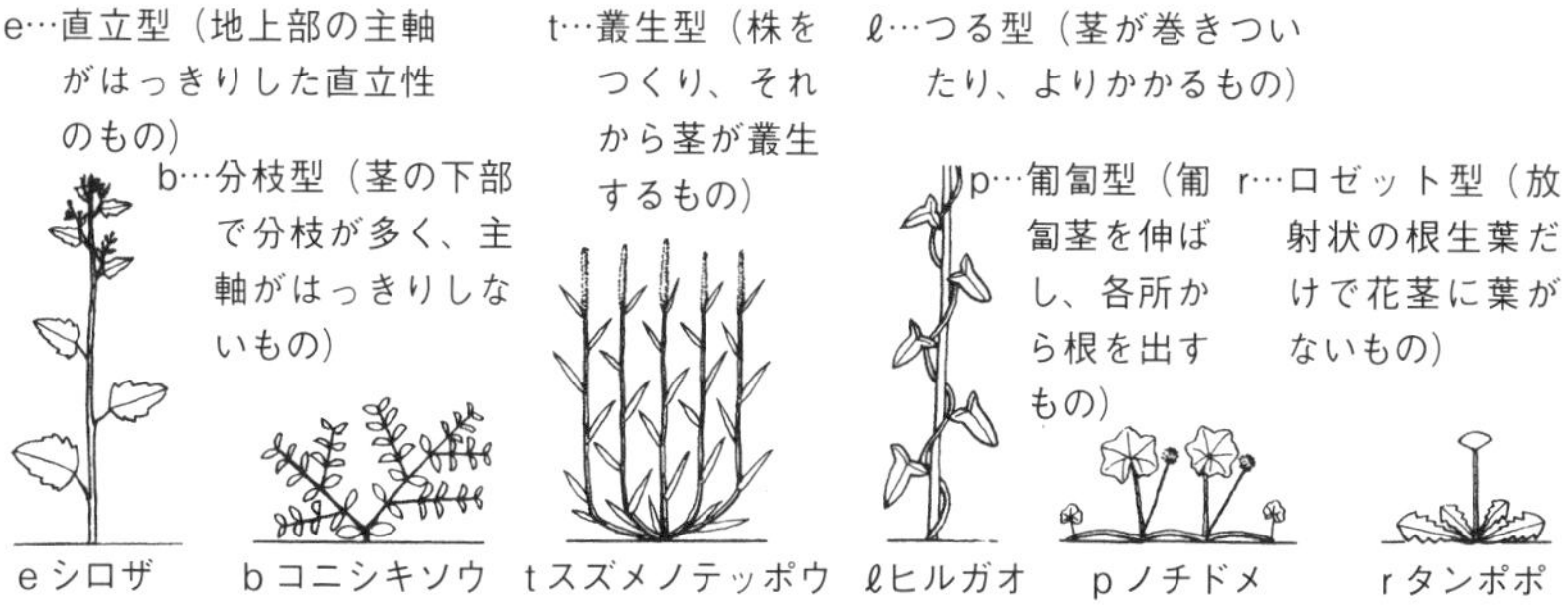
e…直立型（地上部の主軸がはっきりした直立性のもの）
b…分枝型（茎の下部で分枝が多く、主軸がはっきりしないもの）
t…叢生型（株をつくり、それから茎が叢生するもの）
ℓ…つる型（茎が巻きついたり、よりかかるもの）
p…匍匐型（匍匐茎を伸ばし、各所から根を出すもの）
r…ロゼット型（放射状の根生葉だけで花茎に葉がないもの）
eシロザ
bコニシキソウ
tスズメノテッポウ
ℓヒルガオ
pノチドメ
rタンポポ

図3-11　雑草の生育型（沼田真・吉沢長人『新版　日本原色雑草図鑑』全国農村教育協会より）

5　構成員の陣取り戦術

親分雑草の背丈と生育型で変わる多様性

　非農耕地という雑草社会に生を受けた下位種や一時滞在種は、親分の優占種がつくり出した裸地空間を彼らの棲み家として利用します。その裸地空間の形や大きさは同じようなパターンで、毎年刻々と変化をくり返します。一般に、春から親分の地上部が枯れはじめる初秋まで、下位種や一時滞在種の棲み家は狭まります。下位種の生育を可能にする裸地空間は、①親分がどれくらい高くまで伸びるかと、②その枝葉のつけ方のタイプである生育型で決まってきます。日本に生育している雑草の生育型の基本タイプは、**図3-11**のように六つに分類されています[11]。もちろん、途中で人間による刈り取りという攪乱を受ければ、下位種の生育可能空間が一挙に拡大するでしょう。

　雑草社会の親分の生育型は、攪乱の程度で変わってきます。攪乱が小さければススキ、ヨシ、セイタカアワダチソウなど、丈の

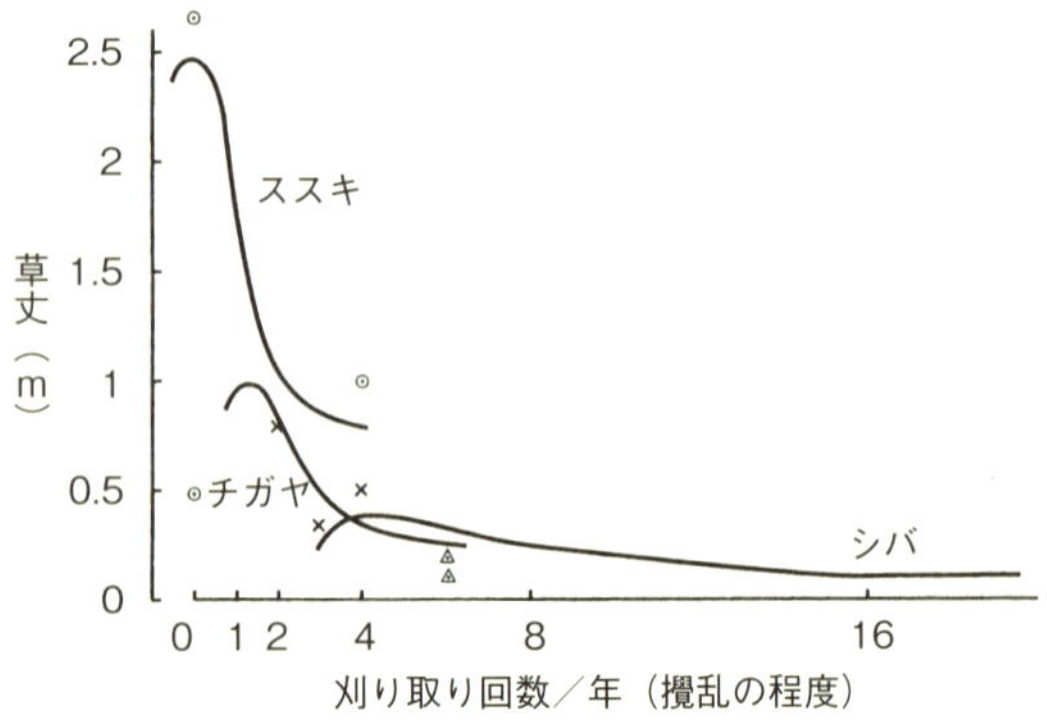

図 3−12　年間の刈り取り回数と優占雑草との関係
刈り取り回数が増加すると、優占種が草丈の高く伸びるススキから、チガヤ、シバと低茎型の優占種に置き換わる
（根本正之『日本らしい自然と多様性』岩波書店より）

高くなるものが親分となります。ヨシやセイタカアワダチソウのように、葉群を光を効率的に利用できるかたちに配列している親分の場合、その葉群が形成されてしまうと、下位種はほとんど共存できません。ヨシ原でサクラソウが一面に咲くのは、春先ヨシが葉を十分に展開する前で、サクラソウの葉は盛夏に入る前には枯れて翌春まで休眠します。ススキのような叢生型では、株と株の間にかなりの裸地空間を生じ、いろいろな下位種が共存可能です。

つまり、雑草社会では親分の背丈と生育型が、構成員の多様性を大きく左右するのです。

攪乱が大きくなるにつれ、ススキからチガヤ、シバと草丈の低い雑草に親分が交替します（**図3−12**）。親分の背丈が低くなればそれだけ下位種の生える空間の光環境が改善され、さまざまな雑草が侵入可能となります。しかし攪乱後の再生力が弱い直立型や分枝型の雑草は共存できません。

陣地強化型と陣地拡大型

私とミッチェリーは雑草生育型の機能に着目し、雑草を、定着した裸地空間を守りつづけようとする陣地強化型戦術（position fortifying tactics）と、占有空間を拡大させようとする陣地拡大型戦術（position extending tactics）に大別しました[12]（図３–13）。

陣地強化型の雑草は芽生えた場所で立体的に葉層を広げ、そこを占拠し、ほかの植物個体が割りこんでくるのを防いでいます。しかし、光に対するほかの個体との競争に負け、生殖成長に至る前に枯死すれば、次世代の再生産が困難になります。

ススキやギシギシ類、ノアザミなどは、いったん定着した場所で草丈を高くし、同時に葉面積を増やして自らの陣地を強化し、ほかの植物を自分のまわりから排除します。一方、オオバコやスズメノカタビラなど小型の陣地強化型雑草は、踏みつけや刈り取りという攪乱に対して耐性があり、時に踏み跡群落の親分となります。陣地強化型雑草は、空間を立体的に占有するタイプとしてとらえることもできます。

一方、陣地拡大型の雑草は、葉層を平面的に分散させ、さまざまな環境条件の土地へ進出し、行きあたった好適条件の土地での光合成によって生存します。芽生えた場所やそのまわりの葉層が枯死しても、ほかの地点に広がった茎から不定根を発生させれば、そこを基点に再び周辺に広がることもできます。ミツバツチグリ、ヘビイチゴ、オオジシバリなどは、走出枝《そうしゅつし》や匍匐茎によって占有空間を拡大します。陣地拡大型雑草は、空間を平面的に占有するタイプなのです。

このような走出枝や匍匐茎がある草本植物は、クローナル植物とも呼ばれています。クローナル植物は生育に適すると考えられる明るい場所や土壌が肥えている場所では節間が短くなり、さかんに分枝する走出枝を出します。そのため、狭い範囲内に大きなかたまりが多数つくられます。日当たりのよい道沿いでよく見かける、かたまりが密に整列しているジシバリやムラサキサギゴケなどのクロー

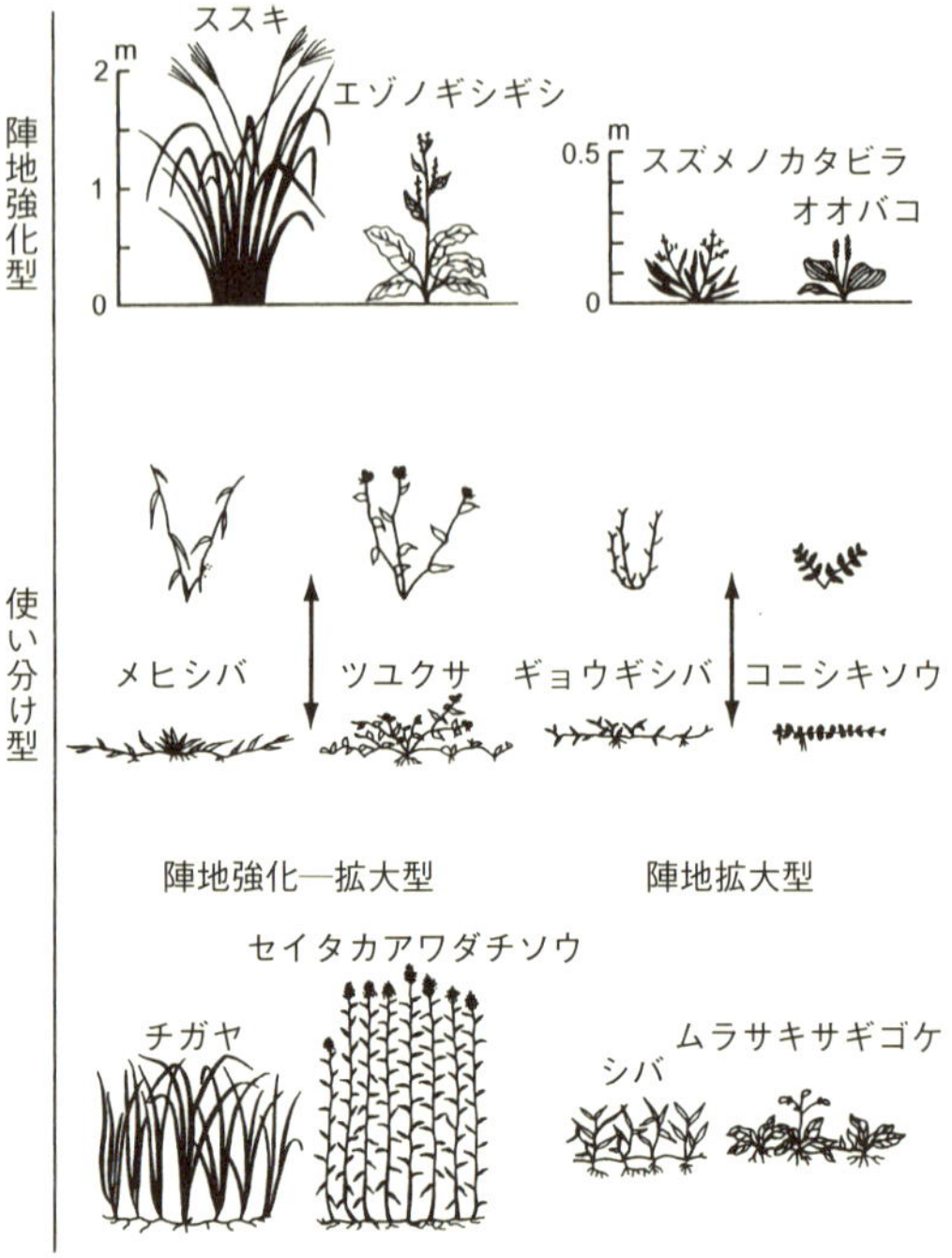

図3-13　雑草の生育型戦術に見られる４つの型
定着した裸地空間を守ろうとする陣地強化型と、占有空間を拡大しようとする陣地拡大型、その使い分け型、陣地を強化しつつ拡大する型の４つに分けることができる
（根本正之『日本らしい自然と多様性』岩波書店より）

ナル植物は、ファランクスタイプ（phalanx type）と呼ばれています。一方、クローナル植物でも、走出枝や匍匐茎の成長に規則性がなく、生育不適地である暗いところや痩せた場所ほど走出枝の分枝が少なく、間隔を長くして小さなかたまりをつけるミツバツチグリやヘビイチゴなどは、ゲリラタイプ（guerrilla type）と呼ばれています。

三次元空間を有効に活用する陣地強化型と、二次元空間を這いずりまわる陣地拡大型が、雑草の基本となる生育型戦術ですが、実際にはさらに、メヒシバやツユクサなど周辺の環境条件の違いに呼応して両戦術を使い分けるタイプと、セイタカアワダチソウやチガヤのように陣地を強化しつつ拡大するタイプの合計四つの戦術があります。

三番目の使い分け型は、親分のつくった基盤（マトリックス）の中では陣地強化型となり、サイズの小さな個体でも可塑性を発揮して、季節がくれば花芽をつけ結実して次世代を残します。その一方、耕作放棄地とか宅地造成地など周辺に何も生えていない裸地では、不定根を発生させながら非常に大きなかたまりを形成します。

四番目の陣地強化—拡大型は、地上では立体的に葉層を展開しつつ、地下では根茎や横走根によって地中を広がっていき、そこから規則的に茎を出します。このタイプが親分となる雑草社会は、下位種に対するインパクトが非常に大きく、人間が手を入れないと親分の独り勝ちの状態になります。ただ、このタイプにも弱みはあり、クズやアレチウリなど親分の頭をすっぽり覆ってしまうツル植物が侵入すると、光合成が阻害され枯死します。

生育型戦術を数値化する

これまでお話しした生育型戦術は、雑草が地上部をどのようにして占有していくのかを定性的にとらえたものですが、対象とする雑草個体の平面的な広がりと草丈の伸びに着目した形態指数値（ＭＩ値）によって生育型戦術を定量化することもできます。

$$MI=\sqrt{(長径)\times(短径)\times\pi/4\div(草丈)}$$

ここで個体の広がりは、平方根内の楕円の面積で近似してあります。

今ではデジタルカメラで雑草個体の真上から撮影した画像を処理して、葉の占める部分とその他の部分に分けることが可能です。このような処理をした画像から容易に葉の面積を算出できるので、測定しづらかったゲリラタイプの拡大パターンの解析にも適応できます。まわりにほかの植物個体が存在しない裸地で育てた雑草のＭＩ値と、まわりを囲ったり土壌環境などを変化させた条件下で育てた雑草のＭＩ値とを比較すれば、その雑草に固有な可塑性の特徴や程度がわかります。メヒシバやツユクサのように劇的に形が変わらなくても、生育型の可塑性が大きく環境条件に呼応して、枝、葉のつけ方を変化させるものが多いようです。

6　雑草社会の移り変わり

移り変わる親分雑草

自然条件下にある植物群落は時間の経過とともに、その親分（優占種）と子分（下位種）からなる群落構成員が入れ替わっていきます。この現象は植物群落の遷移（plant succession）といわれ、遷移学説で有名なアメリカの生態学者クレメンツは、生きた植物の種子などがほとんどなく、土地の水分や栄養分に乏しい、例えば火山の噴出物で覆われた土地で始まる一次遷移と、すでに植物群落があった場所が裸地化され、土壌中に埋土種子が残っている土地で始まる二次遷移に分けました。

日本の、乾いても湿ってもいない中生的な土地の二次遷移系列上の優占種は、**表3−2**に示すとおりです。遷移する過程で入れ替わっていく親分の生態的特性にもとづいて、Ⅰ型（一年生草本期）、Ⅱ型（二年生草本期）、Ⅲ型（種子多産型多年生草本期）、Ⅳ型（種子少産型多年生草本期）、Ⅴ型（低木期）、Ⅵ型（風散布型高木期）、Ⅶ型（動物散布型高木期）、Ⅷ型（極相期）の八つのステージに分けられました[13]。**表3−2**から明らかなように、二次遷移初期のステージⅣまでは、雑草を親分とした社会が形成されます。雑草社会はめまぐるしく変化しますが、その社会の親分たちの特徴は次のとおりです。

ステージⅠ：一年生草本期にはシロザ、ブタクサ、メヒシバなど、雑草種子の中では比較的重く、冠《かん》毛《もう》や棘はなく、重力で散布されるものが親分です。種子には休眠性があって、埋土種子由来の雑草です。発芽後の芽生えは耐陰性が低く、暗いところでは成長できません。種子の生産に多くのエネルギーを投資します。

ステージⅡ：二年生草本期になるとヒメジョオンやオオアレチノギクなど、冠毛のある、きわめて軽い種子の風散布型雑草が親分になります。芽生えにはきわめて高い耐陰性があります。ロゼットで越冬し、春に花茎を伸ばし、初夏に種子を生産します。

ステージⅢ：種子多産型多年生草本期には、風散布型の種子を多産するセイタカアワダチソウやヨモギなどが親分です。芽生えの耐陰性が強い点ではステージⅡの親分たちと似ていますが、光合成産物の地下部への転流が大きい点が違います。地下茎を周囲に伸ばして広がる、独り勝ちしがちな陣地強化―拡大型雑草です。

ステージⅣ：種子少産型多年生草本期の代表であるススキは、比較的重い風散布種子を少産します。耐陰性は中程度で、株を形成する陣地強化型雑草です。生育型戦術から考えると、ステージⅢの親分のほうが有利だと思いますが、なぜステージⅣに入れ替わるのでしょうか。私は、セイタカアワダチソウやヨモギが生産するアレロパシー物質のせいだと考えています。アレロパシー物質は、ステージⅢの初期には他種の侵入を抑え、独り勝ちすることに有利に働くでしょう。しかし、だんだんアレロパシー物質が蓄積することで、今度は親分自身が自家中毒を起こし衰弱します。その結果として生じた裸地に、ススキは侵入してくるのです。

表3-2　日本の中生的立地における二次遷移各段階での群落優占種

遷移段階	気候帯			
	亜熱帯（Tps）	暖温帯（Tw）	冷温帯（Tc）	亜寒帯（As）
Ⅰ．一年生草本期（1）	メヒシバ	メヒシバ ブタクサ エノコログサ	シロザ ハルタデ イヌビエ	コヌカグサ ハルタデ
Ⅱ．二年生草本期（2）	オオアレチノギク ベニバナボロギク	オオアレチノギク ヒメジョオン	ヒメムカシヨモギ ヒメジョオン	ヒメムカシヨモギ
Ⅲ．種子多産型 多年生草本期（4）	ヒヨドリバナ属？	セイタカ アワダチソウ	ヨモギ	オオヨモギ
Ⅳ．種子少産型 多年生草本期（8）	ススキ チガヤ	ススキ	ススキ	ノガリヤス属
Ⅴ．低木期（16）	オオバギ（海岸）	ウツギ類？ ヤナギ類	ヤナギ類 ウツギ類	ヤナギ類
Ⅵ．風散布型 高木期（32）	リュウキュウマツ	アカマツ	アカマツ シラカンバ	ダケカンバ
Ⅶ．動物散布型 高木期（64）	イスノキ？ カシ類	カシ類（アラカシなど） コナラ コジイ	ミズナラ	チョウセンゴヨウ？
Ⅷ．極相期（128）	イタジイ（スダジイ）	スダジイ イチイガシ	ブナ	エゾマツ トドマツ

各期の（　）内の数字は裸地後その段階に達するまでの年数
（林一六『植物生態学』古今書院より）

一次遷移と二次遷移の構成員の違い

一次遷移と二次遷移では、構成員の入れ替えに違いがあるのでしょうか。

千葉県立中央博物館の生態園では、近くの工事現場の地下約一〇メートルから掘り出された砂土を一次遷移の、また県内の畑から運ばれた黒土を二次遷移の、それぞれモデルにして、遷移初期に見られる植生変化を追跡調査しました[14]。その結果、一次遷移モデルとなった砂土区では、黒土区とくらべ雑草発生量は明らかに少なく、上述した林一六のモデルのように親分は一年生雑草→越年生雑草→多年生雑草の変化が確認されました。一方、二次遷移モデルである黒土区は、一年目の親分は一年生雑草でしたが、次に一年生雑草、越年生雑草、多年生雑草が混在する時期が二年続き、その後、多年生雑草期に移行しました。遷移は砂土区とくらべ黒土区のほうが早く進行しました。

都市内の空き地で見られる二次遷移では、空き地になる前の状態がかなり影響するようです。空き地となって四年経過した、前歴の異なる以下に示した四カ所の植生を調べてみました。

①赤土区：建物の跡地で表土の赤土が露出していた。
②黒土区：野球のグラウンド跡地で、ローラーによる土壌の鎮圧が著しかった。
③礫《れき》区　：コンクリート片や礫の捨て場。
④芝生区：野球グランド周辺の芝生地で、シバが残存していた。

各区で出現した雑草種数は、黒土区（三八種）、赤土区（二五種）、芝生区（二二種）、礫区（一六種）の順に少なくなりました。

赤土区ではシロツメクサ、セイタカアワダチソウなどの多年生雑草が優占し、セイヨウタンポポも多く見かけられました。一方、土壌表層がまだ固かった三年目の黒土区で発生した雑草は、夏一年生雑草のニワホコリとメヒシバばかりでした。しかし四年目になるとヤハズソウがグラウンド全面を覆いつくしました。礫区ではコセンダングサ、エノコログサなどの一年生雑草が優占し、匍匐型の雑草は見られませんでした。芝生区では優占するシバのほか、セイタカアワダチソウやハルジオンなどロゼットを形成する雑草が多く見られました。芝生区は二次遷移の初期ではありませんが、その草丈が六〜一三センチと低いので、草刈りをやめた後に草丈の伸びる雑草が一度侵入すると、急速に遷移が進行します。

二次遷移の場合は、スタート時点からいろいろな雑草の繁殖体（埋土種子や切断根など）が存在する場合が多く、この繁殖体由来の初期植生が、しばしば後続の遷移を決めていくようです。土壌環境の違いもかなり影響するでしょう。

二次遷移のごく初期につくられる雑草社会は、いつ裸地になったか、その季節によっても大きく異なります。例えば、ムギ類など冬作物の作付け跡地には一年生雑草のメヒシバやツユクサが、トウモロコシやダイズなど夏作物の後はホトケノザ、ナズナなどの越年生雑草が親分になるでしょう。近年は豆類やそ菜類も加わりいろいろな作物が栽培されているので、さまざまな時期に休閑地が出現します。前年の秋（A）と前年の冬（B）に休閑に入った、休閑開始の時期が異なる隣接する畑の雑草を四月に調べたものが**表3-3**です。[15] 秋からの休閑では越年生雑草を主とした社会になっていますが、

表3-3　休閑畑の雑草群落（4月）

種類	A	B
ホトケノザ	2	1′
ナズナ	2	1′
スズメノテッポウ	1′	
オオイヌノフグリ	1′	
ハコベ	1′	1′
タチイヌノフグリ	＋	
ノゲシ	＋	
ヨモギ	＋	＋
セイタカアワダチソウ	＋	
ヒメムカシヨモギ		＋
オオイヌノフグリ		＋(s)
イヌタデ		＋(s)
スズメノカタビラ		＋
カナムグラ		＋(s)
シロザ		＋(s)
植被率［%］	70	15

数字は全体を覆う割合が、
2：1/2〜1/4
1：1/4〜1/20
1′：1/20〜1/100
＋：1/100以下
(s) は新しい芽生え
前年の休閑に入った時期（Aは秋、Bは冬）が異なると、発生してくる雑草の種類がかなり変化する
（沼田真編『植物生態の観察と研究』東海大学出版会より）

冬からの休閑では春先に発芽した芽生えも見られ、一年生と越年生の双方が発生しています。

攪乱後の裸地の五つのタイプ

人間が働きかけなくなったとき、雑草社会はどうなるのかを見てきました。そこでは二次遷移が進行するわけですが、刈り取り、踏みつけなど雑草たちを抑制するような攪乱が続くときはどうなるのでしょうか。二次遷移の進行役となる成長点の位置の高い灌木や木本類がすでに侵入していた場合、それを枯死させ、また親分の占有していた空間（マトリックス）の一部が破壊され、裸地が出現します。

攪乱の後に生ずる裸地空間を次の五つのタイプに分けて考えると、侵入雑草の行動を把握しやすいでしょう。

タイプ１の裸地は、景観の保全や、人間の活動をしやすくするための草刈りや火入れ、あるいは家畜の飼料を確保するための採草、放牧の目的で雑草が定期的に取り除かれる草原、公園、鉄道や道路の法面あるいは採草地や放牧地で見られるもので、オールオーバーギャップ（allover gap）と呼ばれる全面が裸地となるものです。

このタイプの裸地は適切な管理が行われているかぎり、裸地が生じても周辺の雑草の個体が再生し、ほどなく裸地は閉鎖されます。親分の生育型と単位面積当たりの個体数によって決まってくる密度依存的な裸地（ＤＤＧ）であり、サイズの一定した裸地が多数生ずるという特徴があります。このような裸地内では侵入雑草の発芽が見られたとしても、光不足によって枯死する割合が高いのです。ただし、地下茎によって周辺から侵入してくるセイタカアワダチソウのような陣地強化―拡大型の雑草なら定着可能でしょう。

タイプ２の裸地は、過度の踏みつけ、極端な低刈り、車両の轍《わだち》、あるいは過放牧など不適切な管理によってつくられる、親分の形状や密度とは無関係な密度非依存的な裸地（ＤＩＧ）です。そのサイズが小さいか細長い場合を除き、草冠を形成していた個体の再生によって裸地がふさがることは期待できません。したがって、そこは侵入雑草の格好の定着場所になります。

以上の二つのタイプは、人為的につくられた裸地です[16]（**図３−14**）。タイプ１の裸地が出現してもそ

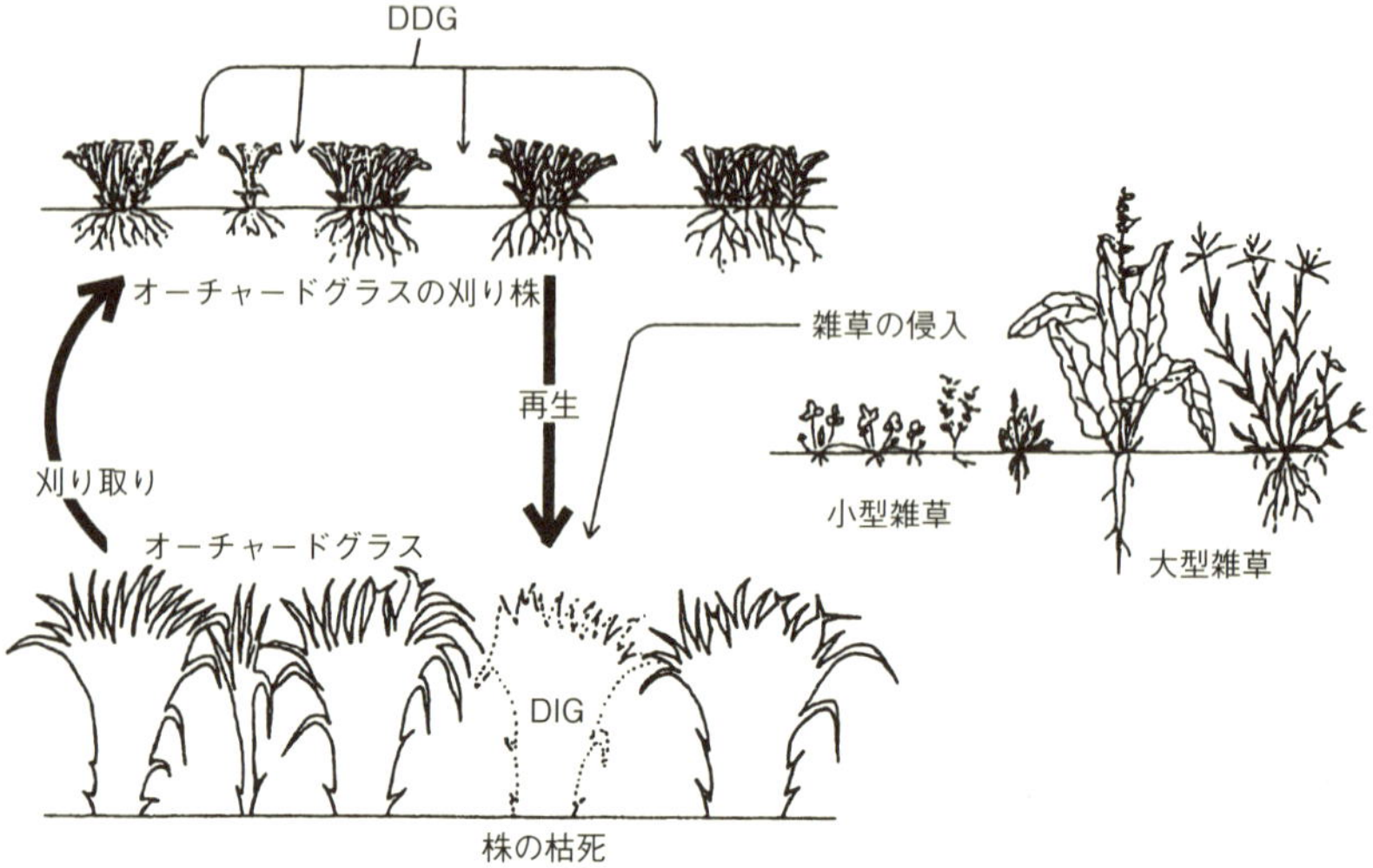

図3-14　人工採草地に形成された密度依存的な裸地（DDG）と密度非依存的な裸地（DIG）
オーチャードグラスを優占種とする人工採草地には、刈り取りによってオーチャードグラスの密度に依存的なオールオーバーギャップが定期的に形成されるが、そこはほどなく周辺のオーチャードグラスによって閉鎖される。ところが誤ってトラクターなどによって頻繁に踏みつけられたため株が枯死してできた裸地はなかなか閉じられず、雑草侵入の拠点になりやすい
（根本正之『日本らしい自然と多様性』岩波書店より）

こは再び既存の植生に戻り、撹乱にともなう木本類の侵入阻止効果と相まって雑草社会の現状を保つことになります。いわば、動的平衡状態をつくり出すために用意された裸地です。タイプ1が現状を維持するものであるのに対し、タイプ2の裸地は期せずしてつくられたものです。

次のタイプ3～5は、自然の要因によってつくられた裸地です。

タイプ3は、不適切な管理が遠因となる場合が多い、病害虫の発生によってつくられた裸地です。

タイプ4は、冬季の霜柱による芽生えの枯死跡や、芝生地でモグラの穴から出る土の小山の部分など、微地形や小動物がつくる裸地です。

タイプ5は、雑草社会を形成している親分の老化によって生じる裸地です。例えば、耕作放棄後に侵入し、二〇年近く経過した放棄水田のススキの株は、その衰えによってタイプ5の裸地が生ずるようになり、そこへ木本類が侵入しています。親分の老化は適切な管理をしていても起こりますが、**図3-10**に示すようにススキは再生してくることもあります。

タイプ2からタイプ5の裸地は帰化植物の少なかった昔なら、ほとんどすべて在来種によって置き換わっていたのです。ところが現在は裸地がセイタカアワダチソウ、ハルジオンなどの帰化植物の棲み家になってしまうから問題なのです。

適切な雑草社会の管理とは

ところで、半自然では、一見雑草の管理が適切と思われても不適切なこともあるので、適・不適の基準が必要になります。私は雑草社会の秩序が維持できる管理を適切なものと考えています。とすれば結果として、雑草社会の構成員が大幅に入れ替わるような管理が不適切ということになります。

水田畦畔の草刈りは、害虫の発生を防ぐうえで大切な作業だといわれています。ところが草刈り機で地際から雑草をきれいに刈り取ると、玄米に斑点を生じさせる斑点米カメムシが増えてしまいます。なぜでしょうか。

稲垣栄洋は、鎌を使っていたころのいくぶん高刈りだと、刈り取り前のいろいろな雑草が残りますが、地際から刈り取ると、成長点が低いところにあるメヒシバやヒエなど斑点米カメムシの好むイネ科雑草ばかりが残り、それが刈り取り後の裸地を埋めつくすためだといっています。従来の管理で維持されていた、多様性の豊かな雑草社会の秩序が乱されただけでなく、斑点米カメムシまで増えるという結果を招いたのです。地際刈りはきれいにはなりますが、不適切な管理といえるでしょう。

これまでお話ししたように、空き地の草はらや公園、田の畦や河川の土手など、非農耕地といわれる場所の住人である雑草を、私たちの味方にするためには、①私たちがそこでどんな行為（踏みつけ、刈り取り、除草剤散布など）をしてきたのか、もう一度調べなおし、②そのさまざまな行為に対して、住人である雑草がどんな反応（再生あるいは枯死）を示したかを明らかにすることです。そして一番大事なことは、③その反応は、多くの雑草仲間を意識し、あるときは我慢をしいられつつ、雑草社会の一員としてなされていること（社会性）を知らなくてはなりません。そうすることで多様性に富む雑草社会の仕組みが自ずと見えてくるでしょう。

第4章　どこから来たのか招かれざる緑の客人

1　様変わりする帰化植物とその周辺

変わる河川敷や道路脇の景色

　都市に生える身近な雑草でも、少し関心をもって観察しつづけると様変わりしていることに気づくでしょう。私は小さいころ、東京都と神奈川県の境を流れる多摩川沿いを、父とよく散歩しましたが、群れて咲くセイタカアワダチソウの黄色の花は記憶にありませんし、晩秋の土手は一面茶褐色の冬枯れ模様でした。野外に生えていた北アメリカ原産のセイタカアワダチソウが日本ではじめて採集されたのは、一九二〇年、京都でだったといわれています。美しいので観賞用に栽培したものが逃げ出したもののようです。その後、日本各地で猛烈に広がったのは、一九六〇年代の後半からでしょう。

　しかし、近ごろの関東地方の河川敷は少し様子が変わってきました。あれほど優勢だったセイタカアワダチソウの生育地は徐々にススキやオギに置き換わっているし、土手は真冬でもゴルフコースのように青々と草が繁っています。シバやチガヤに代わって、ヨーロッパ原産のホソムギやオニウシノケグサが親分になっているからです。

都内では五月の連休前になると、鉄道線路や土手に沿って咲く中国原産の紫色のハナダイコンや、明治年間にアルゼンチンから花卉《かき》として導入されたハナニラが民家周辺で白色から淡紫色の花を咲かせ、春の風物詩となっています。最近はそれに加え、街中の道路の隅や街路樹の植桝の中がナガミヒナゲシのオレンジ色の花で満開になります。地中海沿岸原産のナガミヒナゲシが年々生育地を拡大しているのは間違いなく、駐車場の周囲や河川敷、農地周辺まで広がっています。

ナガミヒナゲシほどではありませんが、ヒマラヤ地方原産のヒメツルソバも、市街地の民家周辺やほかの植物がまったく見られない坂道に沿った石垣や河川護岸のコンクリートの隙間に生えてきました。ロックガーデンなどで栽培していたものが逃げ出し野生化したようです。

このほか、キショウブ、オオキンケイギク、オオハンゴンソウ、カタバミ類、コスモスなど、最近は一見、種子を播いたのではと疑いたくなるような花の目立つ植物が野生化しています。ススキ、オギ、シバ、チガヤを除く上述の雑草はすべて外国から入ってきたものです。本章では、近年とみに増えている外国産植物の由来や生態について見ていきましょう。

外来種と帰化植物

外国産植物は二〇〇〇年以降、マスコミなどではもっぱら「外来種（植物）」と呼ばれるようになりました。「外来種」とは、国際自然保護連合（ＩＵＣＮ）の定義によれば、「過去あるいは現在の自然分布域外に導入された種、亜種、あるいはそれ以下の分類群」のことで、ここでの導入（introduction）とは、「意識するしないにかかわらず人為によって直接的間接的に自然分布域外に移動させること」であると定義されています。

一九九三年、生物多様性条約締結の際、「alien species」を「外来種」と訳したのが公文書の最初の例です[1]。その後、二〇〇五年六月に施行された外来生物法の中で、生物多様性を乱すものとしての「特定外来生物」が注目されるようになってからは、いつの間にか、外来種イコール特定外来生物（生態系、人の生命・身体、農林水産業へ被害をもたらすもの）となり、悪者のイメージがつきまとってしまったようです。外来種のリスク評価がまだ十分にされておらず、人為的に持ちこまれたもの即生態系に重大な影響を与える、と考える傾向が強くなってきました。

二〇〇〇年以前は、「naturalized plant」（ナチュラライズド・プラント）に対応する「帰化植物」という用語がよく使われていました。帰化植物は、①人間の活動によって、②外国から日本に持ちこまれ、③日本で野生化した植物、と定義することが多いようです。①の人間活動には、作物、薬草、草花など、栽培する目的で意識的に導入する場合と、工業原料となるワタとか家畜の飼料などに混入し無意識的に持ちこまれる場合が含まれます。人為によって外国から持ちこまれたという①や②の内容は外来種と同じですが、ただ外来種には日本国内の別の場所から導入した「国内外来種」という使い方があります。外来植物と帰化植物の大きな違いは、前者の定義ではそれが野生化しているという制限を設けていないことです。人間が栽培している場所から逃げ出して生えていれば野生状態で生育していることになりますが、野生化とは野生状態で世代を重ねてはじめていえることなので、その判定はなかなか大変です。

岩瀬徹と小滝一夫は、渡来した種子が発芽し成長するまでを一次帰化とし、生活史をくり返すまで定着し、さらに分布域を拡大するようになった場合に二次帰化としました(2)。二次帰化していれば野生化しているといえるでしょう。欧米では一次帰化した植物が、どれも二次帰化するとは考えておらず、侵入してから野生化するまでの過程が詳細に研究されています。二〇〇七年に日本で帰化植物として記録されたものは一六二一種(3)ですが、そのうち野生化に成功した帰化植物は四四科二〇九種(4)でした。よく見かける帰化植物になるには一〇年以上の年月がかかるといいます。

帰化植物の勢力拡大の過程

帰化植物はいつごろから、どんな経路で日本列島に侵入・定着したのでしょうか。明治元(一八六八)年に二〇種しかなかった帰化植物は、現在一五〇〇種以上に増加しました。これは驚異的な数といえるでしょう(**図4-1**)。しかし上述したように、そのすべてがどこにでも見られるわけではなく、消滅した帰化植物も多いようです。逆に明治元年に二〇種というのは少ない気がしますが、記録から帰化植物であることが明らかなものの数だからでしょう。

縄文から弥生時代のころから、イネの伝来はじめ大陸との交流はあったわけで、意識するしないにかかわらず多くの植物（作物と雑草）が日本に持ちこまれたと考えられます。そこで植物分類学者の前川文夫は、記録にはないが石器時代から弥生時代までに渡来したと推測される植物を「史前帰化植物」とする、という考え方を提唱したのです。[5] 例えば、アゼナ、チョウジタデ、クサイ、スズメノカタビラ、カズノコグサ、ハマスゲ、イヌタデ、イヌビエ、ハコベ、タネツケバナ、ツユクサ、ホトケノザ、エノコログサ、メヒシバ、カゼクサ、チガヤなど、今では田畑やその周辺にごく普通に生えている雑草です。

それ以降、江戸時代までに渡来した植物は「旧帰化植物」といわれ、ヒガンバナ、ツルボ、フジバカマ、アサガオ、シロツメクサ、オシロイバナ、オオケタデなどがあります。三番目の江戸時代の末期から現代に至るまでに渡来した植物が「新帰化植物」で、今日その動向が環境問題の一つとして議論されている多くの帰化植物が含まれます。

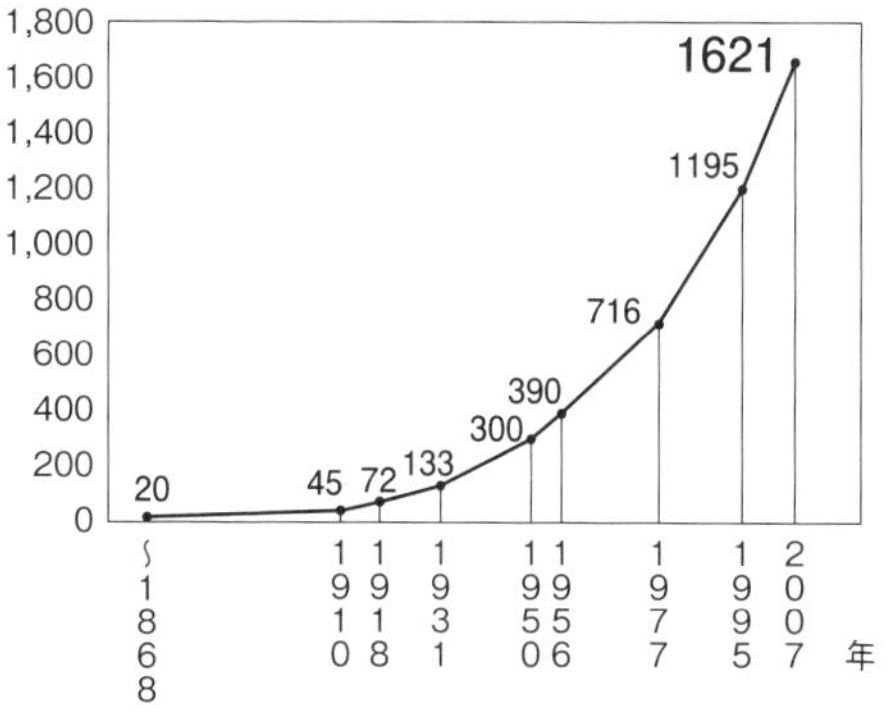

狩山（1987）を改変

図4−1　日本の帰化植物の増加数（榎本敬，2011：日本雑草学会創立50周年記念シンポジウムより）

図4−1からわかるように、帰化植物の種数は明治、

大正、昭和と増えつづけていますが、とりわけ第二次世界大戦以降、急激に増加しました。戦前までに渡来したものには、ヒメジョオン、ブタクサ、ヘラオオバコ、コニシキソウ、アカツメクサ、ハルガヤ、セイバンモロコシ、カモガヤなどがあります。戦後に急増した理由は、①外国との交流がますますさかんになり、私たちの消費生活に占める外国産品の割合が増大したことと、②日本列島改造に象徴される国土の大規模な改変が帰化植物に広大な棲み家を提供したことによると思われます。戦後に野生化した新帰化植物の侵入経路とその種類は、おおむね二〇年を節目に大きく変化しているようです。

◎一九五〇年代〜一九七〇年

戦後から高度経済成長期にかけ、輸入した穀物や羊毛などに混入してさまざまな雑草種子が渡来しました。港湾地帯の穀物用サイロや貨物列車の引きこみ線周辺や、製粉・製油工場、紡績工場周辺はさながら帰化植物の見本園のようでした。オオブタクサ、イヌホオズキ類、オナモミ類や特定外来種のアレチウリが港湾付近から分布を拡大したようです。今では港湾地帯はよく舗装され、除草剤も頻繁に散布しているので、この経路からの帰化植物は少なくなりました。

◎一九七〇年代〜一九九〇年

家畜飼料の穀類が大量に輸入され、家畜の糞を通して、混入していた雑草種子が飼料畑などにまき散らされました。この経路で野生化したのが、イチビ、トゲミノキツネノボタン、ウサギアオイ、ゴウシュウアリタソウなどです。最近は畜産廃棄物由来の帰化植物もめっきり少なくなりました。

この期間に、首都圏と地方都市を結ぶ交通網の整備と地方都市の工業化が、田中角栄元首相の列島改造論にもとづいて大きく進展したのです。国土改造の過程で広大な裸地が各地に出現したため、雑草的な性格の強い帰化植物にとっては願ってもない好機が到来したのです。千載一隅の好機を逃すことなく帰化植物たちは陣地を拡大しました。近畿地方ではメリケンカルカヤとアレチヌスビトハギが大繁殖したといわれています。

また、土壌浸食を受けやすい裸地化した高速道路などの法面を急速に緑化する必要性から、さかんに外国産牧草が使用されました。その中からオニウシノケグサ、シナダレスズメガヤなどが野生化しました。

ブタナ、セイヨウノコギリソウ、アラゲハンゴンソウなどは、牧草種子に混入していた種子から野生化したといわれています。

◎一九九〇年代～現在

一九九〇年四月大阪で開催された「国際花と緑の博覧会」を契機に、一般市民の間でも花による緑化が求められるようになり、ガーデニングブームが到来しました。いろいろな園芸資材が輸入されることになったのですが、例えば東南アジアから入ったココナッツ果実の堅い殻を発酵させてつくった土壌改良資材の一つである「ココピート」などからカッコウアザミ、ナガエコミカンソウ、ノジアオイ、マルバツユクサ、アフリカフウチョウソウなど南国産の帰化植物が渡来したのです。

また、熱帯魚を飼育する水槽に入れる水草として購入したホテイアオイ、ボタンウキクサ、オオフサモ（パロットフェザー）がいらなくなり捨てたものが、ため池、河川、水路で繁茂しています。ボタンウキクサとオオフサモは特定外来生物に指定されました。地球温暖化や都市気候は、これらの帰化植物の生育に好ましい環境のようです。京都府宇治市の木幡《こわた》池では、工場温排水の影響でボタンウキクサが毎年越冬していましたが、冬季の温排水の放水が停止した現在、ボタンウキクサは枯死しました(6)。

環境雑草

最近の帰化植物には、一般市民が生態系を乱すものとは知らずに放置したものが多いようです。ハナニラ、ナガミヒナゲシ、ヒメツルソバ、タカサゴユリ、アラゲハンゴンソウなどの帰化植物は、はじめは観賞用の園芸植物として積極的に導入したかわいらしい草花です。そのためか勝手に生えてきたものでも、市街地や住宅地では除草せず意図的に放置する場合も多いのです。日本では花の美しさの如何にかかわらず、景観や生態系に影響を与える植物を「環境雑草」(environmental weeds) として排除する、という意識がまだ希薄なのです。

帰化植物には、観賞用の園芸花卉のように、はじめは公園や庭など限られた場所で栽培していたものが、いつの間にか逃げ出した「逸出《いっしゅつ》帰化植物」(escaped naturalized plants) と、輸入穀物などに混入したり、アメリカセンダングサなどのように動物に付着したまま無意識的に運搬され、その種子や栄養繁殖器官がもとになって野生化する「潜入帰化植物」(infiltrate naturalized plants、自然帰化植物ともいわれる）に分けられます。最近は逸出帰化が増えてきたわけです。

ワイルドフラワーの功罪

二〇〇五年六月に外来生物法が施行されるまで、ガーデニングブームが追い風となって、公共事業でも外国産の園芸草花が緑化事業でさかんに使われました。土壌浸食を効果的に防止できるという機能を重視した外来牧草による緑化に代わり「ワイルドフラワー」による緑化が、河川敷、大規模公園、道路や鉄道の法面を対象に、大面積で単調な植生を美しい景観にできるというキャッチフレーズで日本各地でさかんに行われました。

ワイルドフラワーとは、「主として、これまで園芸用草花として扱われてきたものの中で、種子などによって容易に繁殖でき、やせ地、放植にも耐え、美しい花を開花させるものの総称」を指し、あたかも野生の状態で野草の草花が咲き乱れるような風情をつくり出すための素材であるといいます。

なぜワイルドフラワーによる緑化が、外国産の植物が野生化した帰化植物と関係するのでしょうか。それは、安い経費で人を魅了する美しい景観を簡便に創出したいという、人間に都合のよい発想によって行われる緑化だからです。字義どおりの野生の草花のみによって緑化するのではなく、素材となるワイルドフラワーは、容易に繁殖し、やせ地、放植に耐えるのなら、在来、外来の如何を問わないからです。

表4-1に示すとおり、その大半は外国産の園芸草花です。『ワイルドフラワーによる緑化の手引』[7]

表4-1　ワイルドフラワーによる緑化に使用される主な草種

1～2年草	宿根草
アリッサム	アカバナセイヨウノコギリソウ
カスミソウ	オオキンケイギク
キバナコスモス	オオテンニンギク
クラーキア	オシロイバナ
クレオメ	オダマキ
コスモス	カワラナデシコ
サルビア	サンジャクバーベナ
ジキタリス	シャスターデージー
タホカデージー	宿根スイートピー
ディモルフォセカ	宿根フロックス
テンニンギク	宿根ルピナス
ハナナ	チドリソウ
ハナビシソウ	ツキミソウ
ハナワギク	ノコギリソウ
ハルシャギク	ヒメナデシコ
ヒゲナデシコ	ヒロハヒメジョオン
ヒナゲシ	フランスギク
ヒマワリ	ヘリアンサス・ゴールデンピラミッド
ヒメキンギョソウ（リナリア）	ムラサキナズナ
ムシトリナデシコ	ムラサキバレンギク
ムラサキハナナ	リアトリス
ヤグルマソウ	ヤナギトウワタ
	リナム（ベニバナアマ）
球根	ルドベキア
ヘメロカリス類	

（注）内外の関係資料で見かけた草種のうち、一部のみを掲載した。
（道路緑化保全協会関東支部自主調査研究委員会編著『ワイルドフラワーによる緑化の手引』より）

には、秋の七草のカワラナデシコ、キキョウ、オミナエシや、ホタルブクロ、ノコンギク、ハマギクなどの在来種も載っていますが、そのうち秋の七草は、種苗会社が育成した園芸品種が使われていると思われます。

ワイルドフラワーという植物の側から考えると、どういうことになるのでしょうか。種子がよくでき、ろくに管理しなくても繁殖する植物ですから、在来・外来を問わず生育可能な裸地があれば植栽した場所の外まで容易に広がる特性をもっているでしょう。そのためワイルドフラワーの優等生だったオオキンケイギクは、周辺の生態系に被害を及ぼす特定外来植物に指定されました。初夏に美しい黄色の花を咲かせるオオキンケイギクは明治時代中期に園芸種として日本に導入されましたが、今ではその栽培が取り締まりの対象になってしまいました。

「ワイルドフラワー」が、その字義どおり日本の在来野草であれば、外来生物法とは無縁の日本らしい自然再生のための決め手になるのではないでしょうか。

2　帰化植物の原産地と生態的特性

新帰化植物の出身地

江戸時代末期から今日まで、日本に渡来した帰化植物は一五〇〇種を超えましたが、どんな種類の植物がどこから渡来したのでしょうか。

安土桃山時代以降に渡来した帰化植物を記載した清水建美編『日本の帰化植物[8]』によると、帰化植物の大部分は種子植物で、分類学的にはキク科、イネ科、マメ科、アブラナ科、ヒルガオ科、アカザ科、タデ科、ナデシコ科、ナス科、ヒユ科の種数が多く、そのうちキク科、イネ科、マメ科は帰化植物三大科と呼ばれています。カヤツリグサ科、バラ科、ユリ科、ラン科は日本の在来種には多いのですが、帰化植物では稀です。その一方、ツルムラサキ科、フウチョウソウ科、サボテン科など、日本に分布しない分類群の植物が含まれます。

上述の図鑑に記載された帰化植物の生存年限、平均草丈、開花期について調べたところ、生存年限は牧草類から逸出したイネ科では多年生が比較的多いのですが、全体では初期成長の早い一年生雑草の割合が多くなっています。平均草丈は二〇～七〇センチで、開花期は四～一〇月まで幅があります。四〇〇〇種近い在来草本植物と比較したところ、在来種では圧倒的に多年生が多く、平均草丈は一〇～六〇センチで、帰化植物よりいくぶん低めでした。種数は今のところ在来種の四分の一ですが、侵入可能な裸地がつくられれば、帰化植物のほうが競争に強い傾向にあるでしょう。

帰化植物がどこからやって来たのか、その原産地をつきとめるのはかなり厄介です。これまで述べたとおり、さまざまなルートで渡来しているだけでなく、仮に渡来してきた国をつきとめても、そこが原産地とは限らないからです。例えば、北アメリカから渡来してきたものの中には、ヨーロッパ原産の帰化植物が含まれています。

この問題を考慮した試算では、[3]ヨーロッパを原産地とするものが三七九種で一番多く、次いで北アメリカ二三七種、熱帯アメリカ一二七種、地中海沿岸五七種となります。交流の少ないアフリカからの帰化植物は少数です。北アメリカからは多数のキク科植物が帰化しています。なかでも夏によく繁る一年生で草丈が高くなるオオブタクサや、多年生のセイタカアワダチソウが大繁殖しています。夏は高温と乾燥で植物が育ちにくいが冬は降雨にめぐまれる地中海沿岸からは、秋から春にかけて成長し、春に開花するナガミヒナゲシや、冬でも緑のカモガヤなどが渡来しました。

植物の七つの生存戦略

渡来した帰化植物が分布を拡大するか否かは、当該帰化植物が芽生えてから種子をつくるまでに、日本国内で遭遇するであろう淘汰圧に対してどう対処するのか、その生存戦略を知ることでかなりのところまで予想できるでしょう。

グライムは、植物に対する外部からの淘汰圧として、耕起、刈り取り、動物の喫食、踏みつけ、火入れなど、それによって植物体の一部または全体を破壊する「攪乱」と、光不足、貧栄養、低温など植物の光合成と物質生産を抑制する「ストレス」の二つを取り上げました。二つの淘汰圧に着目し、植物の生存戦略を両者の強弱程度の組み合わせに対応するものと考え、類型化したのです[9]（**図４−２**）。

攪乱の強い土地に生える植物を、①攪乱依存植物（Ruderals）、ストレスの強い土地に生える植物を、②ストレス耐性植物（Stress Tolerators）、両者の淘汰圧が弱い土地に生える植物を、③競争植物（Competitors）と呼びました。攪乱とストレスの双方が強い土地は植物にとって苛酷すぎ、それに応じる戦略はできなかったと考えます。グライムはさらに、三者の中間的な特性を示す、④競争的攪乱依存（C–R）植物、⑤ストレス耐性攪乱依存（S–R）植物、⑥三者の頭文字をとったC–S–R植物、⑦ストレス耐性競争植物を加え、合計七つの生存戦略を想定しました。

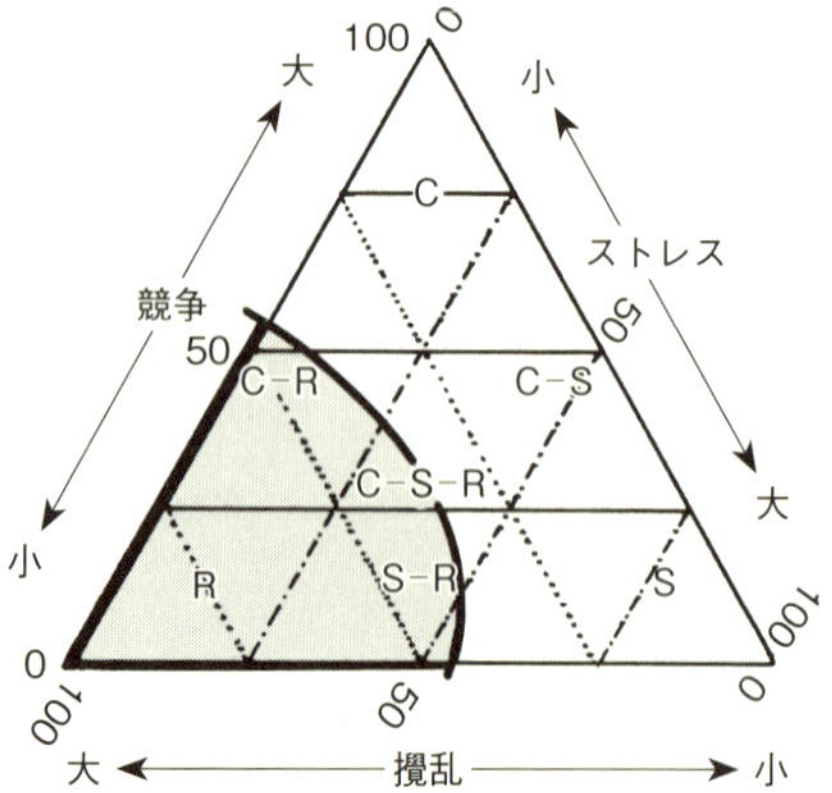

図4–2　グライムの三角ダイヤグラム上で帰化植物の占める位置（太線のワク内）
三角形の三辺に競争（C）、攪乱（R）、ストレス（S）の相対的な大きさを目盛り（100～0％）、当該植物の位置を示したもの。C、R、Sはそれぞれ競争植物、攪乱依存植物、ストレス耐性植物を示す。帰化植物は主にRだが、ほかにC-R、S-R、C-S-R植物も含まれる

四つの立地条件と帰化植物

日本に渡来し、野生化したほとんどの帰化植物は、人間が攪乱した立地で生活しています。ただ攪乱といってもその仕方や程度はさまざまですし、冬季の低温とか、土壌が貧栄養といったストレスを受ける立地にも人の手は入っています。そこで、攪乱の仕方と攪乱地の環境条件の違いから、生育地をA～Dの四つの立地に分け、そこで野生化した帰化植物の生態的特性を見ていくことにします（**表4–2**）。

Ａ：都市内の空き地

都市に生えている帰化植物は、取り壊して間もないビルや工場の跡地、土を掘り起こした工事現場、管理の行き届かない公園の広場といった比較的大きな裸地から、歩道脇の頻繁に踏みつけられたり、草を刈ったり抜いたりした跡、石垣の小さな隙間で見かけることができます。

このような空間には、攪乱の程度やその及ぶ範囲はさまざまでも、人間がいつ攪乱するのか、そして攪乱の結果生じた裸地がいつふさがるのか、まったく予測できないという共通点があります。

いつ、どこに、どれくらいの規模で裸地ができるのかわからないので、そこで生活するには、ともかく、すぐ発芽可能な種子を大量に生産し、風や水の力を利用してどこにでも飛んでいける落下傘部隊のような特性を備えることが有利なのです。大きな裸地が見つかれば好運でしょう。しかし、わずかな裸地しかなく、ほとんどすべての個体が死滅しても、一個体でもよいから芽を出して種子をつくるまで育つならよしとする作戦です。

このような特性をもった帰化植物は、放浪種といわれるキク科に多く見受けられます。例えば、ロゼット型のセイヨウタンポポ、ブタナ、草丈の低いノボロギク、チチコグサモドキ、一〜二メートルにもなるオオアレチノギク、ヒメムカシヨモギ、ヒメジョオン、ハルジオン、オニノゲシなど、生育型はさまざまですが、休眠するという特性をもたない多量の種子を生産します。もともと、乾燥した土地に生えていたものが多く、乾燥しやすい都市内のアルカリ性の土壌は彼らの格好の棲み家になっています。

たった一個体が道路の隅に定着した場合でも問題ありません。相手がいなくてもその一個体から自家受粉や単為生殖によって非常に多くの子孫をつくることが可能だからです。都市ではカントウタンポポとセイヨウタンポポから生まれた雑種タンポポが増えていますが、その親となった個体はほんの少数であることが遺伝子解析によって判明しました。雑種タンポポの場合もセイヨウタンポポと同じく、単為生殖によって親とまったく同じ遺伝子をもった莫大な数の個体が生まれているのです。

さらに、早いうちから開花する性質があるため、こまめに刈り取られても、すでに子孫となる種子を散布していることさえあります。キク科以外でも人間活動によってできた、さまざまな荒れ地に生える荒地雑草型の攪乱依存種は[10]、都市内の在来種が生育できない場所まで侵入していきます。

B：耕作地

少なくとも年に一回は耕す水田や畑とその周辺にも多くの帰化植物が生えています。近年では、肥料として散布した家畜糞尿に種子が混入して逸出帰化したイチビが問題になりました。オランダミミナグサ、タチイヌノフグリ、ヒメオドリコソウ、シロイヌナズナ、コニシキソウなど、ほとんどの冬一年生雑草は帰化植物ですし、最近はナガミヒナゲシも侵入しています。ちなみに、夏一年生雑草のメヒシバ、スベリヒユ、ツユクサ、エノコログサなどは、有史以前に帰化した史前帰化植物です。

耕すことは、侵入してきた植物を即、死に至らしめる最も厳しい攪乱の一つです。水田や、ムギやバレイショなどを栽培する普通畑といわれる畑は、定期的に耕作されます。一方、キャベツやトマトなどの野菜を栽培する園芸畑は作期が一定でなく、いく種類もの作物が栽培されるため、耕作の時期

表4-2　帰化植物の生態的特性と生育地の環境特性

帰化植物の生育地	攪乱			ストレスの有無	生態的特性
	程度	時期	面積		
A　都市内の空き地 工事現場の盛り土 ごみ捨て場 管理のよくない公園 歩道の敷石の隙間	大〜中	b	大、中、小	無(有)	攪乱依存植物(R)のうち荒地雑草型 チチコグサモドキ、ヒメジョオン、オニノゲシ、タンポポ類など
B　耕作地 B-1　普通畑、水田 B-2　園芸畑	 大 大	 a b	 大 大(中)	 無 無	攪乱依存植物(R)のうち耕地雑草型 オランダミミナグサ、ヒメオドリコソウ、タチイヌノフグリなど
C　道路、鉄道線路、河川堤防の法面	中	a〜b	大〜中	無	競争的攪乱依存植物(C-R)の帰化植物が入りやすい セイタカアワダチソウ、セイバンモロコシ、ネズミムギ、オニウシノケグサなど
D　伝統的な畦畔や昔からある堤防	中	a	中	有	ストレス耐性攪乱依存植物(S-R)やC-S-R植物 ハルガヤ、アジュガ、メリケンカルカヤなど

(注) 攪乱の程度　大：耕起、除草剤散布、中：草刈り、踏みつけ、放牧、火入れ
攪乱の時期　a：定期的、b：不定期的
ストレスの有無は、中程度のストレス（貧栄養土壌）の有無

が不定期です。

作物を密植しないかぎり、耕作地には帰化植物（雑草）が侵入できる裸地空間は常に存在していきます。しかし耕すことと、作物による庇蔭《ひいん》のため、帰化植物の生育可能な期間は断続的なものになります。このような環境で生きのびていくためには、短期間で生活史を全うでき、また発芽のタイミングを知るためのメカニズムが発達していなければなりません。そのため、耕作地に侵入する帰化植物は一年生で、発芽に好適な環境が到来するまで休眠している耕地雑草型の攪乱依存種がほとんどです。

C：道路、鉄道線路、河川堤防の法面

道路や鉄道線路の法面、河川堤防法面には近年さまざまな帰化植物が侵入し、生態系に重大な影響を及ぼしています。造成して間もない、かなり裸地空間の残っている法面だけでなく、古くからある法面まで、よく目立つセイタカアワダチソウ、オオブタクサ、アレチウリ、セイバンモロコシなど、大型の帰化植物が侵入しています。

どんな法面もほぼ定期的に草刈りによって中程度の攪乱があり、昔はススキやオギ、チガヤに混在して、フジバカマ、カワラナデシコなどの秋の七草も生えていたのです。現在はオギやチガヤの優占する法面に、上述した大型の潜入帰化植物だけでなく、かつて緑化に使っていたネズミムギ、イヌムギ、オニウシノケグサなどのイネ科とマメ科のシロツメクサ、アカツメクサが逸出帰化しています。

法面の攪乱は、それを新しく造成したときを除けば今も昔も同程度で、在来種の再生は十分可能です。それなのになぜ、多くの帰化植物が侵入してしまったのでしょうか。

イネ科やマメ科の牧草類は、在来種の地上部がほぼ枯れている冬季によく生育できるし、セイタカアワダチソウは地下茎に貯蔵した養分を使えるので、芽が出て間もなく旺盛に成長するし、またオオアレチノギクは早春から芽生え、初期成長も早いため、いずれの帰化植物も在来種との競争に勝つことができるのです。このような他種との競争に強く、比較的長期間にわたり撹乱地を利用できる競争的撹乱依存型の「自然の敵：nature enemy」といわれる帰化植物が、しばしば法面で優占群落を形成します。

D：伝統的な畦畔や昔からある堤防

在来植物の多様性に豊んだ伝統的な畦畔や、かなり古くに築堤された堤防では、上述のC地域ほど帰化植物が生えていません。雨水によって長期間にわたり土壌中の栄養塩類が流亡した結果、土壌が貧栄養で酸性になっていることが考えられる理由の一つです。セイタカアワダチソウやブタクサが侵入してきても、大きくなるために必要な資源の不足から、その潜在能力を発揮できないのでしょう。ただし、栄養塩の不足というストレスと、放牧という撹乱に適応しているといわれるハルガヤやアジユガ（アユガ）などのC-S-R型の帰化植物はうまく定着できるでしょう。

以上のほか日本では、熱帯や亜熱帯から持ちこまれたミズヒマワリ、ブラジルチドメグサなどの水生帰化植物が、河川、水路、ため池などで繁茂しています。

3　何が帰化植物の棲み家を広げるのか

上述したように、攪乱の仕方や攪乱された場所の環境条件が違っていれば、侵入し、帰化する植物の種類はかなり変化します。日本の帰化植物は、日本人がつくり出した攪乱環境に呼応して、日本に侵入・帰化した点は同じでも、それぞれの種ごとに侵入・帰化の仕方は非常に異なるわけです。何が帰化植物の棲み家の拡大に関与してくるのか、いくつかのよく知られた帰化植物に焦点を当ててみていくことにしましょう。

ナガミヒナゲシの越冬拡大戦略

五月の連休が近づくと、関東以南の大きな街では、ケシにしては少し艶やかさに欠けるオレンジ色の花を咲かせるナガミヒナゲシが一斉に開花します（図4－3）。私の住む千葉県北西部もその例外ではありません。駅周辺の道路の植桝は、いっときオレンジ色の花で覆われるようになりました。二〇一三年に、わが家のカーポート脇でも二本の芽生えが発生しました。

ナガミヒナゲシは地中海沿岸を原産地とする、ケシ科ケシ属の一年生あるいは越年生の草本植物です。ムギの栽培にともなって広がったといわれ、現在はヨーロッパ、北アフリカ、西アジア、オセアニア、南北アメリカと世界各国で帰化しています。イギリスでは二〇世紀半ばから全土に広がり、穀物畑、管理放棄地、道路周辺に発生するようになりました。日本では、一九六一年にはじめて東京都世田谷区で帰化が記録されました。帰化した当初は関東地方や瀬戸内海沿岸の海岸、港のある街を中心に分布していました。ところが一九九〇年以降は内陸部まで分布域が急速に拡大しています（図4－4）。

ナガミヒナゲシの生育地は日本全土に分布していますが、どこも同じように分布域を拡大しているわけではありません。東北地方や北海道ではあまり拡大していません。また、分布域内ならところかまわずナガミヒナゲシが生えているわけではなく、主要道路の植桝とか、住宅地の道路に面した部分、舗装していない駐車場周辺でよく見かけます。五月初旬の開花期に調査すれば、かなり正確に分布域を明らかにすることができます。

図4－3　ナガミヒナゲシ
（提供／曳地トシ氏）

ナガミヒナゲシは、非常に小粒の種子を好適な条件下では一個体当たり八万～一八万粒も生産します。種子は長さ二センチほどの円柱形の果実の中につくられますが、果実は完全に裂開しないので長い間種子がその中に残ります。果実は枯れた茎についたまま残り、風で茎がゆれれば、遠心力によって四～五メートルは飛ばされるようです。しかし、ナガミヒナゲシの種子だけの力では、セイタカアワダチソウやタンポポのように長距離を移動することは不可能です。

ナガミヒナゲシの種子には休眠性があるため、散布されてもすぐには発芽しません。夏の暖温で湿潤な条件を経て、地温が低くなる秋季と、冬季の冷温を経て、地温が上昇する春季に多くの発芽が見られます。またすべての種子が一斉発芽するのではなく、土壌中で埋土種子となり、かなり長期間生存しているようです[11]。

以上のように、ナガミヒナゲシは莫大な数の種子を生産することを除けば、それほど分布拡大に有利な特性を備えているとは思えません。ところが次のような条件が整えば驚くほどの速さで分布が拡大していくようです。

秋に芽生えた越年タイプの個体は、東北や北海道のような冬にかなりの低温に見まわれる地帯や、積雪期間の長い北陸を除けば、ロゼットで越冬することができます。冬も近郊の農村地帯より暖かい都市気候は、越年タイプの生存にとって好条件です。さらに一九九一年以降、分布拡大が顕著な関東、四国、九州の生育地の一月の気温上昇は周辺の非生育地より高く、温暖化の影響による冬季の気温上昇が分布拡大に一役かっているようです[12]。秋に芽生え越冬できた個体は生育期間がそれだけ長いので、春に芽生えた個体よりサイズが大きく、果実数も多くなるので、越冬個体が増えれば種子生産量は飛躍的に増えるでしょう。

ナガミヒナゲシの花は可愛いので、自宅で育ててみたいという人もいるくらいで、開花前に抜き取られることは少ないようです。ナガミヒナゲシは次々と開花していくため、開花期の後半になるとす

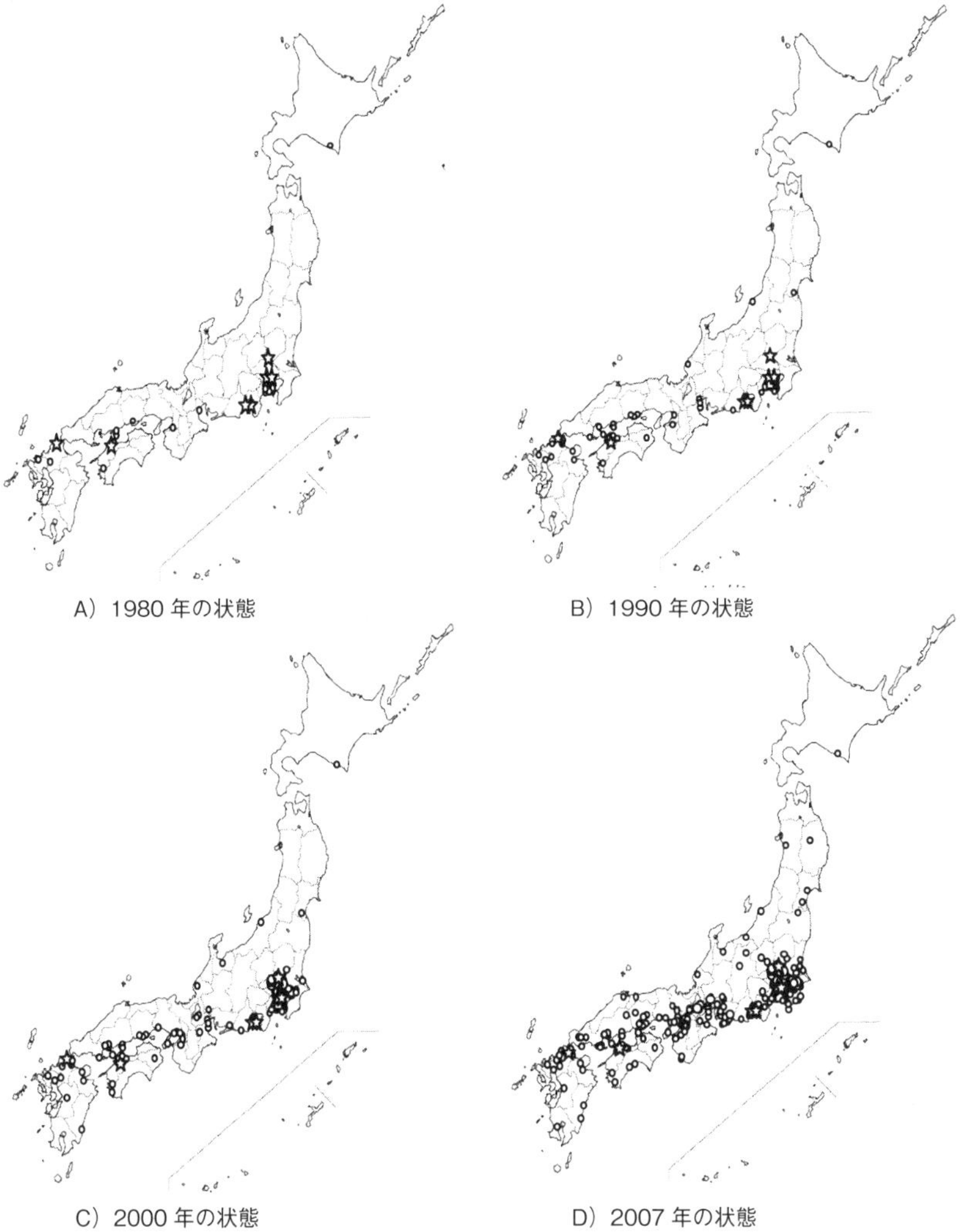

図 4–4　ナガミヒナゲシの生育地の年代別推移

ナガミヒナゲシは 1961 年、はじめて東京の世田谷区で記録された。当初は関東や瀬戸内海沿岸の海岸地帯を中心に分布していたが、1990 年以降は内陸部に向かって分布が拡大している（吉田光司ら，2008：雑草研究 Vol.53（3）より）

（注）文献・インターネットを分布資料としている。☆は 1961～1970 年、〇はそれ以降の年代にはじめて生育が市町村単位で記録された生息地を示す。

でに多くの果実ができています。そのため花が終わってから抜き取って不用意に持ち歩くと、果実にまだ残っていた種子を周囲にばらまくことになるのです。

もっと効率的に種子散布に寄与しているのが、雨でぬれた車のタイヤです。タイヤに種子が付着すれば五〇メートル以上は運ばれるといいます。ナガミヒナゲシが分布を拡大中の地域では、道路脇の植桝などの分布中心から距離が近く、舗装されていない駐車場周辺に多くの芽生えが見られるのです。

ナガミヒナゲシの分布拡大を阻止するためには、その花を楽しむようなことはせず、見つけたら蕾のうちに引き抜くことが大切です。

雑種タンポポの登場

ひと昔前なら、三月になると農道や雑木林の林縁で、タンポポが黄色い花を咲かせ春の訪れを告げてくれました。ところが今では街中の道路の植桝とか、児童公園や駐車場の片隅、切り通しの日当たりのよい斜面で一年中タンポポの花を見かけます。どんな花が咲いているのか、しゃがみこんで観察してみましょう。植物図鑑に載っているタンポポとはどこか違っていませんか（**図4-5**）。

外総苞片《がいそうほうへん》が反り返らない日本在来のタンポポとは異なり、街中のタンポポはほとんどが微妙に反り返っていることに気づくでしょう。タンポポに少し詳しい人なら、外総苞片が反り返っていることで、それが帰化植物のセイヨウタンポポだと納得するかもしれません。しかし、図鑑のセイヨウタンポポのように、外総苞片が完全に反り返ってはいないのです。東京を中心に一九八〇年代より一〇年ごと

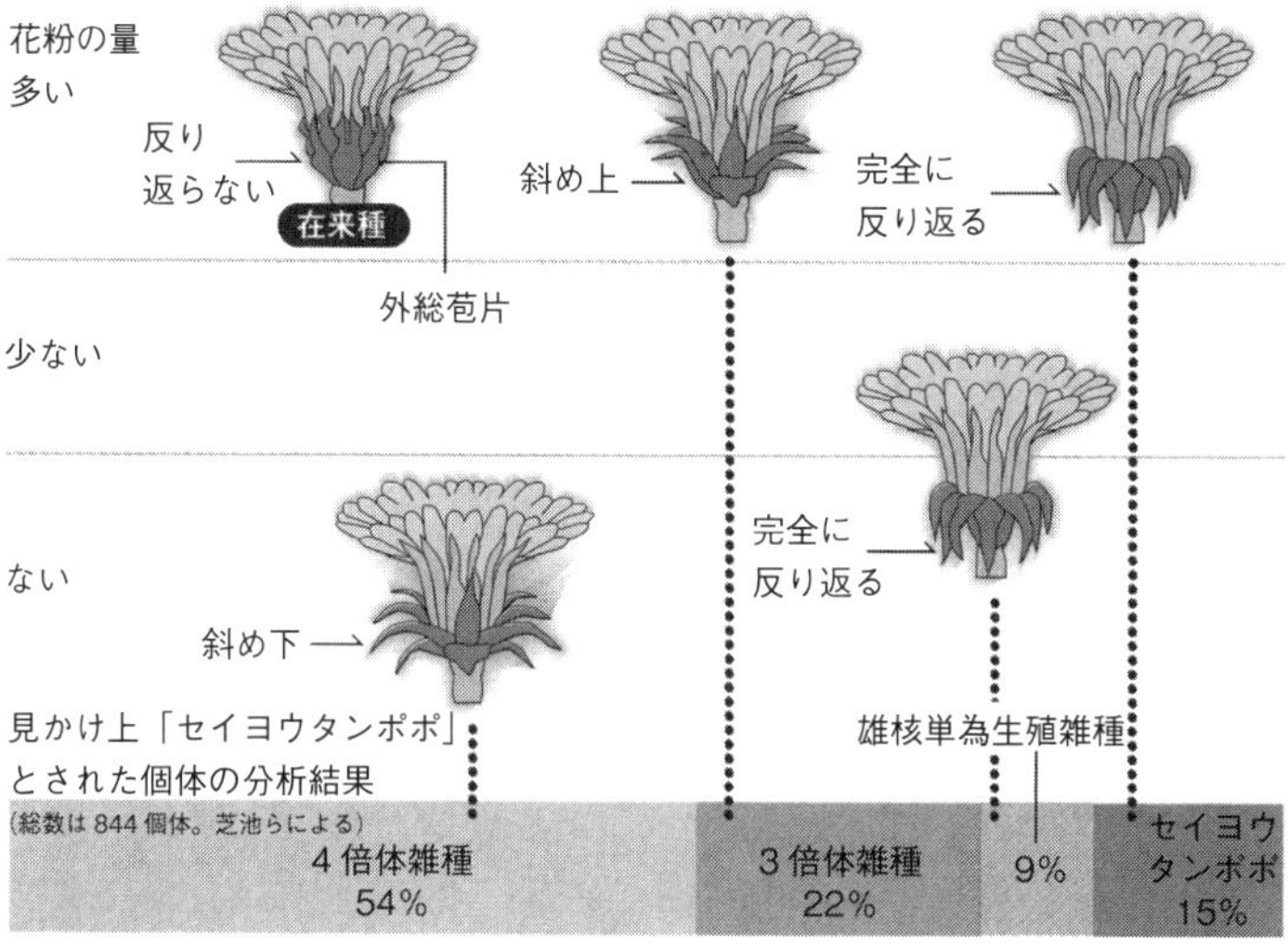

図4−5　タンポポ属植物とその雑種の見分け方（山野らによる）
（提供／朝日新聞社）

にタンポポの分布調査をしてきた小川潔たちの二〇〇〇年の調査報告にも、このようなタンポポが多数見つかったとあります。この少し変わったタンポポは、在来タンポポの雌しべにセイヨウタンポポの花粉がつき、受精してつくられた雑種タンポポなのです[13][14]。

セイヨウタンポポの日本での帰化が報告されたのは一九〇四（明治三七）年です。植物学者の牧野富太郎が、札幌で見つかったことを紹介しました。それからだいぶ時間の経過した一九六〇年代から、セイヨウタンポポは日本各地で見られるようになりました。

タンポポ属植物の遺伝を担う染色体の基数は八で、カントウタンポポやカンサイタンポポの染色体数は一六ですから二倍体です。一方、セイヨウタンポポは、二セットを超える多数の染色体をもつ高次倍数体です。高次倍数体であるセイヨウタンポポのほとんどすべての花粉には、受精能力がありません。ところが卵細胞は卵子をつくる過程で減数分裂を省略し、親の細胞とまったく同じ染色体の数と組み合わせをもった卵細胞をつくり（無融合生殖）、これが受精することなく、細胞分裂をくり返して種子となるのです。したがって帰化植物のセイヨウタンポポは、たった一個体でも花が咲けば一挙に多数の子どもを生産することが可能です。ただどの個体も遺伝的には親個体とまったく同じものばかりです。

話が少し複雑になってきますが、高次倍数体のセイヨウタンポポの中で、稀に受粉可能な花粉ができ、それが二倍体の在来タンポポの花に受粉し、雑種タンポポをつくることがわかったのです[13][14]。近くにカントウタンポポやカンサイタンポポなど二倍体のタンポポの花が咲いていることが前提条件であり、非常に稀な現象でしょう。けれども雑種タンポポの場合も無融合生殖によって子孫をつくるので、たまたま雑種が一個体生まれただけでも、その生理・生態的特性が生育地の環境条件に適合していれば、容易に個体数を急増することができるのです。

日本のタンポポ属植物は今、大きな転換期を迎えているのですが、まずは本節のテーマである帰化植物のセイヨウタンポポと在来タンポポはどんな関係にあるのか見ていくことにします。

セイヨウタンポポは在来タンポポを駆逐しない

帰化植物の中でもセイヨウタンポポは、類縁のカントウタンポポやカンサイタンポポが私たちの身

図4-6　旧岩崎邸庭園にはカントウタンポポの群落が残っている
（提供／㈶東京都公園協会）

近な半自然の中でかなり存在感があるため、それを追い出してはびこる悪者としてのイメージが強いようです。新聞やテレビでもそういった論調で、外来タンポポたたきのキャンペーンをくり広げました。

セイヨウタンポポが在来タンポポを駆逐すると考えたくなるのには、二つの理由があるからでしょう。第一の理由は、セイヨウタンポポの生理・生態的な特性からで、①在来種とくらべ成長が早い、②在来タンポポの花期は三～五月なのに、セイヨウタンポポの場合、花期の最盛期は四～五月だが、ほぼ年間を通して開花している。そのため在来タンポポより多くの種子生産が可能になる、③上述したとおり、セイヨウタンポポは無融合生殖で増殖可能だから、たった一個体が侵入・定着した場合でも、環境が適していれば、瞬く間に子孫を増やすことができる、などです。第二の理由は人間からの視点で、都市化した人目につきやすい場所でセイヨウタンポポの割合が増加していったことで

表4-3　タンポポが生えやすい場所、生えにくい場所

	出現しやすい土地	出現しにくい土地
外来種	路傍、あき地、駐車場、児童公園、線路ぎわ	耕作地、雑木林、「その他」
在来種	耕作地、雑木林、土堤、休耕地、果樹園、寺社の境内、墓地	路傍、家の庭、駐車場、児童公園
タンポポなし	耕作地、雑木林、「その他」	

（Ogawa & Mototani, 1991 のデータによる）（小川潔『日本のタンポポとセイヨウタンポポ』丸善出版より）

す。

いずれも正しいのですが、都心でもよく観察すると上野池之端の旧岩崎邸庭園、浜離宮恩賜庭園、東京大学小石川植物園には、在来タンポポの大群落がまだ見られることなどから（図4-6）、小川潔は、セイヨウタンポポによる在来タンポポ駆逐説に疑問を感じました。そして、長年にわたる調査や実験から駆逐説を否定したのです。

ではどのような過程を経て、在来タンポポがセイヨウタンポポに置き換わったのでしょうか。また、置き換わらない場所はなぜ存在するのでしょうか。

東京で広範囲にわたるタンポポ調査を行った結果、表4-3に示したように、セイヨウタンポポと在来タンポポの生えやすい場所は同じでなく、それぞれ特徴があることがわかりました。[14] セイヨウタンポポの出現しやすい場所は、一度は在来タンポポが共存していたが、人間の強い攪乱によって取り除かれ裸地化したところであり、一方、在来タンポポの出現しやすい場所は、年に何回かの刈り取りなど粗放な管理がされている場所のようです。

また小川も指摘するように、タンポポ類の生育特性として、

①一生地際からロゼットを出す形態で、草丈は低く、その葉によってすでに存在している個体を覆ったり、排除するとは考えにくい。

②多年生雑草であり、長期にわたり同じ場所に存在する。

③セイヨウタンポポと在来タンポポが長期間にわたり共存する事例がある。

④在来タンポポは夏季に葉を落として休眠する特徴があり、雑木林にも生育するが、休眠しないセイヨウタンポポは雑木林では生えにくい。

以上のような理由から、自然の状態でセイヨウタンポポが在来タンポポを駆逐することはないと考えたのです。セイヨウタンポポは、人間が環境を大きく改変して生じた裸地に侵入し、そこで生育地を拡大していったと考えるのが妥当でしょう。

在来タンポポと雑種タンポポの関係

ところで、最初にお話しした雑種タンポポと在来タンポポは、どんな関係にあるのでしょうか。私たちはカントウタンポポの大群落が残っている国営昭和記念公園（東京都立川市・昭島市）で、両者の関係を調べることにしました[15]。昭和記念公園には利用や管理法についての克明な記録が残っているので、それをたどることによって、人間による撹乱の種類や程度とタンポポ類の分布との関係がある程度わかるからです。

在来タンポポと雑種タンポポは、外総苞片の反り返り方と花粉の有無から区別できるようになりました[16]。昭和記念公園のある関東地方では、雄核単為生殖雑種（受精の際に、セイヨウタンポポの花粉管からの雄核と、在来タンポポの卵細胞が置き換わり、胚の細胞は父親であるセイヨウタンポポ由来の、葉緑体を含む細胞質は在来タンポポである母親由来の雑種）とセイヨウタンポポの個体数が少ないことが報告されているので、①外総苞片が反り返らないものをカントウタンポポ、②花粉があって、外総苞片が反り返るものを三倍体雑種、③花粉がなく、外総苞片が反り返るものを四倍体雑種と見なして、公園の図面上に一〇メートル×一〇メートルの網をかけ、網の目となる地点をマークし、その付近のタンポポ属植物を調査しました（**口絵⑲**）。

次に現地調査と空中写真を判読することにより、園内を六つの景観タイプに分け、タイプ別に在来タンポポと雑種タンポポの割合を求めてみたのです（**表4-4**）。

また、利用・管理の仕方や土壌pHに着目してみると、

①駐車場などのコンクリートブロックやアスファルトの隙間では、四倍体雑種の割合が多い。
②花木園のように、在来タンポポ、三倍体雑種、四倍体雑種が混在するエリアが存在する。
③入園者の多い「みんなの原っぱ」では、すべてが在来種であった。
④タンポポ類の生育地の土壌pH（KCl）は、四倍体雑種が五・七五〜七までの範囲に分布し、在来タンポポよりかなり高く、三倍体雑種は両者の中間の値を示した。

表4-4から昭和記念公園には在来のタンポポがかなり残っていることがわかります。しかし、雑

表４-４　昭和記念公園内の６つの景観タイプ別に見たタンポポ類の出現割合

	人工地盤*	草地	常緑樹林縁	落葉樹林縁	常緑樹林内	落葉樹林内	合計
４倍体雑種	71	498	31	80	8	38	726
３倍体雑種	25	214	19	39	1	5	303
在来種	14	1,173	105	229	12	116	1,649
個体数の合計	110	1,885	155	348	21	159	2,678
４倍体雑種構成比（%）	65	26	20	23	38	24	27
３倍体雑種構成比（%）	23	11	12	11	5	3	11
在来種構成比（%）	13	62	68	66	57	73	62

*人工地盤とは、コンクリートブロックやアスファルトの間隙に生育したタンポポを示す。
（小瀬憲人、修士論文より）

種タンポポが少なからず混在しているため、将来は在来種が駆逐されてしまうかもしれません。

上述したナガミヒナゲシやセイヨウタンポポとは異なり、競争的攪乱依存型の帰化植物は、本来そこに生えるはずの在来植物を一時的であっても締め出すことがあります。競争的攪乱依存型の生育地は、中程度の攪乱を受ける、ストレスと競争による影響の少ない環境です。そこには多くの攪乱依存型の在来種が生育していて、当該帰化種の競争力が侵入・定着した裸地周辺に生えている在来種より大きい場合、人が手を貸さなくても、じわじわと、もともとそこに生えていた在来種と置き換わっていきます。

次にこのような競争的攪乱依存型の帰化植物であるセイタカアワダチソウ、オオキンケイギク、オオハンゴンソウに焦点を当てることにします。

戦後急速に陣地を拡大したセイタカアワダチソウ

皆さんのよく知っているセイタカアワダチソウ（図4-7）は、北アメリカ北東部原産のキク科の多年生植物で、明治時代に園芸植物として導入されました。それが第二次世界大戦後、全国的に広がったのです。とくに大都市近郊の空き地や河川が生育地になりました。セイタカアワダチソウは、新しく造成された土地だけでなく、既存のさまざまな草原にも侵入し、在来種を駆逐して優占種になりました。

セイタカアワダチソウが戦後急速に陣地を拡大したのは、次のような特性と環境条件の変化が一致したからでしょう[17]。

①種子と地下茎の双方で陣地を強化しつつ拡大する帰化植物であり、環境条件がよければ発芽した当年から多数の花を咲かせることができる。受精するための訪花昆虫を必要とする虫媒花だが、受粉してくれる昆虫は、イエバエ、ニクバエ、ギンバエなどの衛生昆虫や、ミツバチやハナアブなど、どこにでもいる昆虫である。そのため一度に大量の種子を生産することが可能であり、結実した種子は風に運ばれて至るところに散布される。

②定着した個体の成長は旺盛で、二年目から四方に地下茎を広げ、その先端を上向かせることで多数の地上茎を発生する。土壌条件がよければ草丈が三メートル近く伸びる。地上の空間に展開される葉群は、きわめて効率的に太陽エネルギーをキャッチできる構造のため、葉群下の地表面まで十分な光が届かない。したがって芽生えてきた埋土種子も、かなり耐陰性がないと光不足のため共存できな

い。

③耐乾性もあり、夏季に極端な水不足となる河川敷や河川堤防、都市の空き地でも生育可能である。

④高度経済成長期以降、日本各地に出現した、整備された河川敷、都市の空き地、また減反政策によって休耕した乾田は、①～③の特性をもつセイタカアワダチソウにとって格好の棲み家となった。

図4-7　セイタカアワダチソウ（上）
利根川堤防の多くの在来雑草（人里植物）が生育している場所に、セイタカアワダチソウが下の畑のほうから侵入してきた（下）

ところが、あれだけ猛威をふるっていたセイタカアワダチソウですが、最近は三メートルも伸びる個体は少なくなったし、セイタカアワダチソウ群落の中にススキやオギが侵入しています。ススキなどの在来種にすっかり取って代わられたところも少なくありません。なぜでしょうか。

セイタカアワダチソウの根から排出されたアレロパシー物質が、何年にもわたって蓄積したので、セイタカアワダチソウ自身も中毒を起こしたためとか、本種を餌にする虫が北アメリカから帰化するようになったことなどが原因といわれていますが、詳しいことはまだ解明されていません。

今や栽培禁止、オオキンケイギク

オオキンケイギク（図4-8）は、セイタカアワダチソウと同じ北アメリカ原産のキク科多年生植物で、日本へは一八八〇年代に観賞用として導入されました。河川敷などで大群落をつくるようになったのは、道路や河川堤防法面にワイルドフラワーとして播種されることが多くなってからでしょう。手間がかからず、橙黄色のよく目立つ花をつけることから、一時期は昭和記念公園でも大々的に植栽していました。現在は、旺盛に繁殖し、既存の植物を消滅させるとの理由から、特定外来生物に指定され播種《はしゅ》や栽培は禁止されています。

ところで、オオキンケイギクを擁護するワイルドフラワー推進派によれば、本種はさまざまな空間の空き地に侵入しても、在来の植生がしっかり形成されている場所に入りこむことはないし、既存の植物を消滅させることはないといわれています。本当でしょうか。

長野県上伊那にある信州大学校内には、一〇年以上オオキンケイギクが優占している場所があります。そこで詳しい調査を行ったところ、シバ型草地からススキ型草地に移り変わる途中で入りこむようです[18]。そしてオオキンケイギク群落は、地表の低い位置に高密度に茎と葉を展開することから、その下にはほとんど植物が見られません。シバの刈り取り回数の減少で、ススキ群落になるべき場所で、シバの上部にできた空間にシバより草丈の高くなるオオキンケイギクが侵入してきたのです。オオキンケイギクの大群落が長期間続くなら、それをススキ群落に戻したとしても、ススキと共存していた少数の在来種は戻ってこないでしょう。

図4-8　オオキンケイギク（提供／曳地トシ氏）
特定外来生物に指定され、播種や栽培が禁止されている

一筋縄ではいかないオオハンゴンソウ

帰化植物の中にはオオハンゴンソウのように、比較的自然度の高い場所にも侵入・定着し、生態系に悪影響を与える恐れがある種も存在します（**図4-9**）。オオハンゴンソウは、セイタカアワダチソウやオオキンケイギク同様、北アメリカ原産のキク科多年生の帰化植物で、特定外来植物に指定されました。箱根や日光、大雪山、十和田八幡台などの国立公園内に侵入し、在来の草本植物

図4-9　オオハンゴンソウ（提供／市谷優太氏）
八ヶ岳山麓の疎林に定着し、生育地を拡大している

や低木が影響を受けているといわれています。

本種の草刈りや引き抜きによる駆除効果について、研究が行われました[19][20]。比較的コストのかからない草刈りを年一回、六月に行った場合、当年の開花を抑制し、短期的には分布の拡大を防ぐことがわかりました。しかし、刈り取りによって個体が死滅することはなく、刈り取りを中断すると、それまで抑制されていた開花が促進され、急速に生育範囲が拡大する可能性があることがわかりました。

それならコスト高でも地下から抜き取ればよいのでしょうか。開花したオオハンゴンソウを毎年八月に抜き取ると、三年目には開花個体が著しく減少しました。ところが抜き取られた跡に、土壌中の種子から発芽したと思われる個体が大量発生したのです。抜き取りの季節が違えばこのようなことが起こらないかはまだ確かめていません。一度侵入してしまったオオハンゴンソウの駆除は一筋縄ではいかないようです。

セイタカアワダチソウ、オオキンケイギク、オオハンゴンソウは園芸植物として導入されたのですが、どれも競争的撹乱依存型の帰化植物としての特性を兼ね備えているため、人間がつくった裸地・空き地に逸出帰化すると、やがて周囲の在来種に影響を及ぼすようになります。

逆に日本の在来植物も外国で帰化して、その国の在来種を抑制することがあります。

例えば、秋の七草の一つであるクズは、家畜が好んで食べる高品質の飼草であり、また土壌改良作物として適しているとの触れこみで、一八七六年、はじめてアメリカに導入されました。今では逸出帰化したクズが、アメリカ南部で雑草化しています。

クズは日本でも雑草化して問題となることがありますが、日本ではそれほど問題とならないイタドリは、園芸植物として導入したイギリスではnature enemy（自然の敵）として駆除の対象となっています。いずれの植物も、他種との競争力に長けた、撹乱地を比較的長期間にわたって利用できる競争的撹乱依存型の植物なのです。

第5章　雑草で再生する日本らしい自然（実践例）

1　雑草の素性をよく知ってから利用する

手っ取り早く雑草の素性を知る方法

雑草は人間によって多少なりとも攪乱された場所に生えますが、数ある雑草はどれも個性的で、とても十把ひとからげにして扱うことはできません。メヒシバやタイヌビエのような耕地雑草的な性質の強いものから、ワレモコウ、ノアザミ、ノコンギクなど野草的なものまでさまざまです。

ですから、在来雑草を用いて日本らしい自然を再生するためには、まず雑草の名前を覚えることが大切です。身近な雑草だけでもその数は優に一〇〇を超えるので、ある程度名前がわからないと雑草について具体的な話ができないからです。そのためには庭や空き地や歩道の植桝から雑草を抜いてきて標本をつくるとか、スケッチすることから始めるのがオーソドックスでしょう。しかし、相当覚悟して取りかからないと長続きしないか、反対にスケッチや標本づくりが楽しくなって、肝心の素性を知るまでに至らないこともあるようです。どうしたら手っ取り早く雑草の素性を知ることができるようになるのでしょうか。

篤農家といわれる人は雑草の素性をよく知っていますが、皆が標本をつくるわけではありませんし、植物分類学者でもないので、必ずしも正しい名前を知っているとは限りません。でも彼らが雑草の素性に明るいのは、一年中雑草と顔をつき合わせているからなのです。

野外観察の一環として雑草をテーマの一つに取り上げている、神代《じんだい》植物公園・植物多様性センター専門研究員の関田国吉さんは、草むらの中で一人当たり一平方メートルの草抜きをして、最後に観察者が最も関心をもった雑草を一本残してもらいます。そして残した一本を定期的に観察してもらいます。どのような伸び方で大きくなり、花を咲かせ、実をつけるかを観察するのです。何人かのグループで行えば、かなりの数の雑草の素性がわかってくるでしょう。こうして関心のある雑草の種類を増やしていけば、正しい名前と素性をあわせて知ることができます。

また、関田さんは、センター内の植物に名札をつけるとき、必ず当該植物の幹や枝に結びつけています。少し離れた場所に名札を立てると、初心者はどれが名札の木か草か見当がつかないそうです。関田さんのアイデアはどちらも素晴らしいと思いました。

私は彼の方法を少し改良し、庭の一番暗そうなところと明るいところ、よく踏まれる場所とめったに踏まれない場所など、環境条件が違う場所を選び、そこで一番目立つ雑草（優占種）を一本残し、観察するのもよいと思いました。こうすれば、草抜きや踏みつけといった、人間による攪乱を含めた庭の微細環境を、雑草がどのように棲み分けているかわかるし、それぞれの場所に生えてくる同じ種の成長の違いを比較観察することもできます。

雑草が生えていることの効果

雑草だけを観察してもいろいろと発見すると思いますが、さらに進んで、皆さんが育てている園芸草花や野菜とどんな関係にあるのか見てみましょう。

私は長い間、いろいろなところで雑草を観察してきました。そして雑草には、誰でもが指摘する作物（有用植物）の成長を抑えるマイナス効果（**図5-1の効果1**）だけでなく、興味深いいくつかの効果を発揮していることに気づきました。

効果2は、冬の畑に生えるホトケノザ、ハコベ、オオイヌノフグリなどの越年生雑草がもたらす効果で、これらの草に囲まれた冬野菜は冷たく乾いた北風をよけられるためか、雑草の生えていない場所より成長がよいようです。作物に対してプラス効果を発揮した越年生雑草は、春耕と越年生雑草という寿命によって、ほどなくして枯れるので、除草の必要性はないでしょう。

一定期間、雑草に囲まれて育った作物が、完全に除草した場合より収量が多くなることが、オカボ（陸稲）で実験的に明らかにされました(1)。この実験では、オカボ播種後の初めの一カ月は除草せずそれ以降は完全に除草した処理区が、播種直後から除草しつづけた処理区より、オカボの収量が多かっ

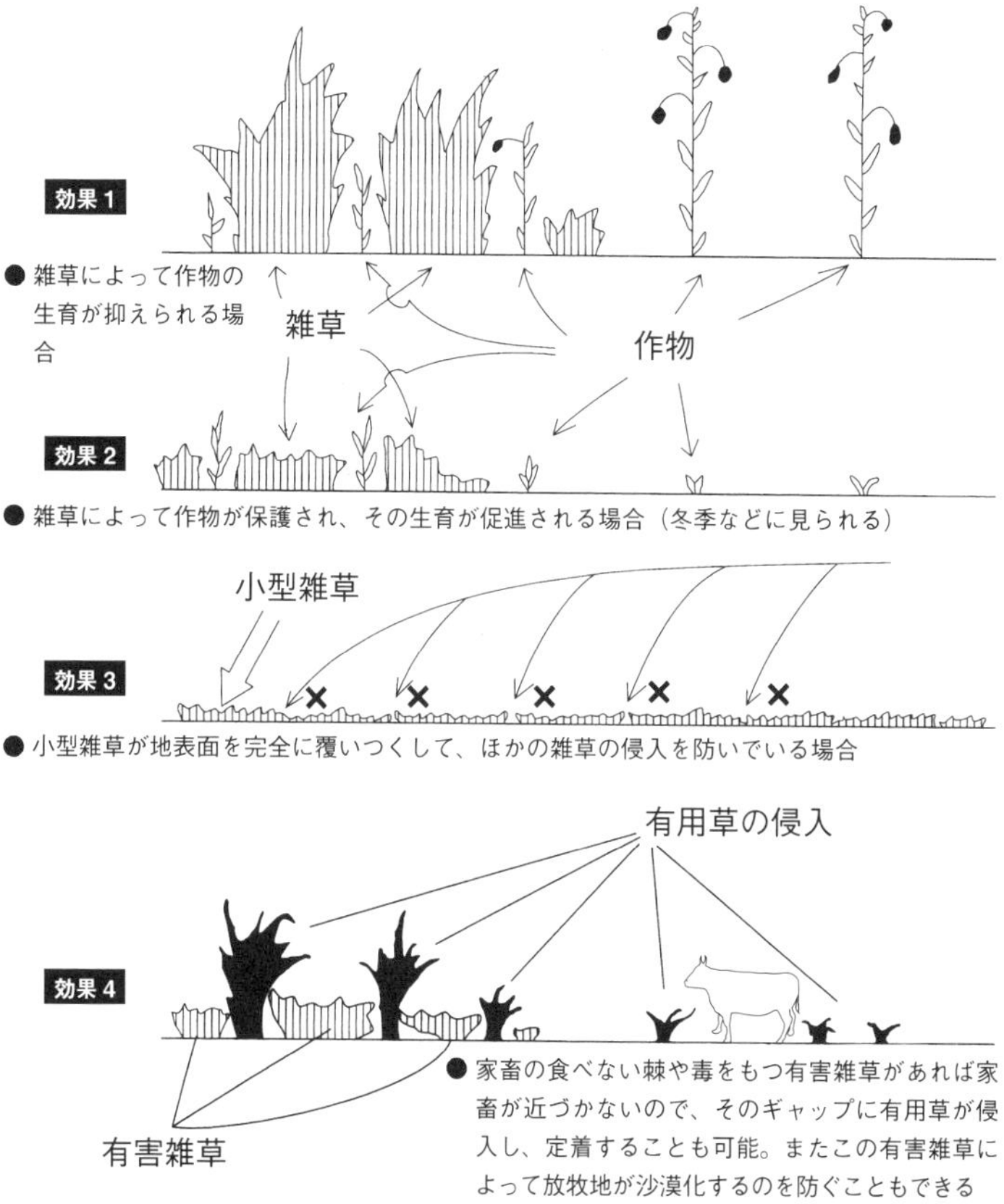

第5章　雑草で再生する日本らしい自然（実践例）

効果1
● 雑草によって作物の生育が抑えられる場合

雑草　作物

効果2
● 雑草によって作物が保護され、その生育が促進される場合（冬季などに見られる）

小型雑草

効果3
● 小型雑草が地表面を完全に覆いつくして、ほかの雑草の侵入を防いでいる場合

有用草の侵入

効果4
● 家畜の食べない棘や毒をもつ有害雑草があれば家畜が近づかないので、そのギャップに有用草が侵入し、定着することも可能。またこの有害雑草によって放牧地が沙漠化するのを防ぐこともできる

有害雑草

図５-１　雑草と有用植物の関係（根本正之『雑草たちの陣取り合戦』小峰書店より）

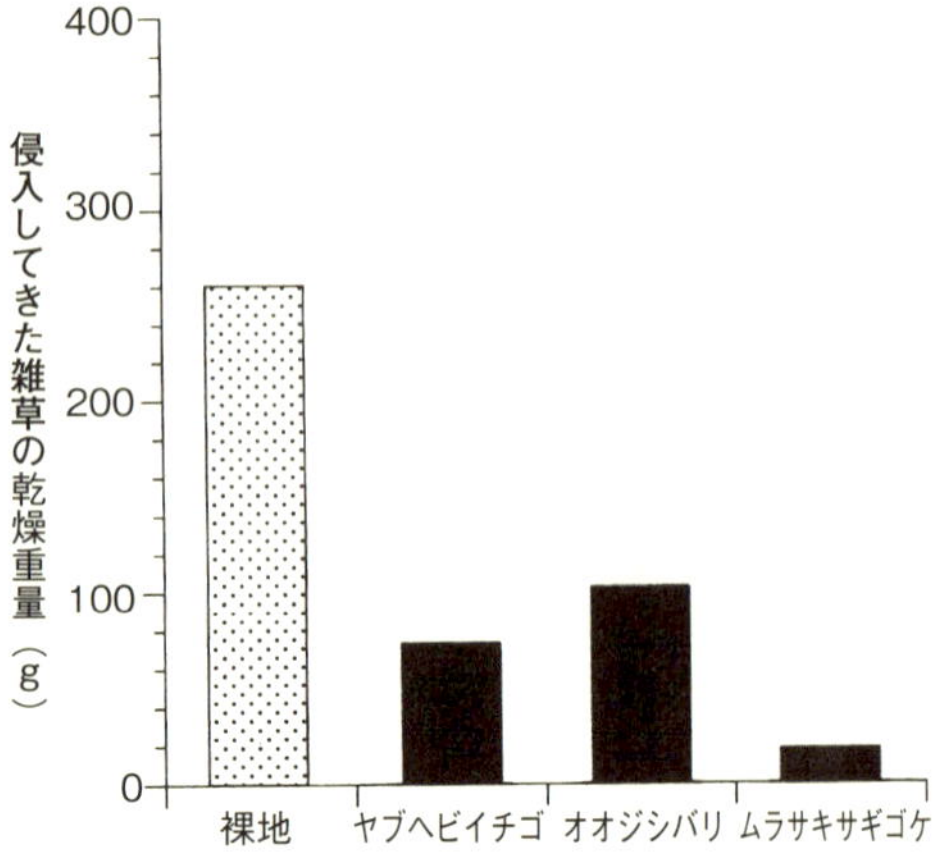

図5-2　陣地拡大型の小型雑草を植えつけた場所に侵入してきた雑草の量（実験区の大きさは2.25m^2）
（根本正之『雑草たちの陣取り合戦』小峰書店より）

たのです。

効果3は、一面に小型雑草が地面を覆っている場合です。

草刈り機や鎌でよく刈りはらわれている田の畦や農道の斜面には、オオジシバリ、ムラサキサギゴケ、ヤブヘビイチゴなどの多年生で小型の陣地拡大型雑草が生えています。このような雑草は斜面の浸食を防止するだけでなく、ほかからの雑草の侵入を防いでいることがわかりました。何枚かの葉でコンパクトに地面を覆うムラサキサギゴケの侵入防止効果が一番顕著でした（**図5-2**）。

小型の陣地拡大型雑草でも、その葉のつき方によってほかの雑草の侵入阻止効果はかなり違うようです。ノシバのようなイネ科や、広葉型でもオオジシバリのように葉を立てるものは地表面まで光が差しこむので、侵入雑草の芽生えはある程度の成長が可能です。

注意したいのは、小型の陣地拡大型雑草にも、病害虫による部分的な枯死や、葉の繁り具合に季節変化があることです。したがって一種類でいつでも地面を完全に覆いつくしていることは稀です。裸地ができないようにするには数種類の仲間を混植するのがよいでしょう。

効果4は、中国の半乾燥地域で沙漠化のメカニズムを研究していて最初に気づきました。

中国東北部半乾燥地帯の砂地では、コウリャン、キビ、ソバ、リョクトウなどを農民が安い借地料を払って栽培しています。三～四年栽培すると放棄し、また別の場所に移ります。このような放棄畑には時々、農民が除草し残した雑草が筋状に生育しています。主な雑草は家畜の好まないオナモミ、棘のあるハマビシ、それにサミという沙漠化した土地に固有の短命植物です。畑の中ではペイソウというイネ科雑草が目立ちましたが、放棄畑にはほとんどありません。メンヨウ、ヒツジ、ウシなどの放牧家畜が喫食したためでしょう。家畜の喫食しない雑草が筋状に残っていたのです。

これらの有害雑草が優占する群落に地表面の八〇％近くを覆われると、表土が失われにくく沙漠化があまり進行していないことに気づいたのです。またよく調査してみると有害雑草に交じって、わずかですが家畜の好むヤマハギ類などのマメ科やイネ科雑草が生えていることがわかりました。有害雑草は土壌浸食を抑えるだけでなく、有用草の唯一の安全地帯だったのです。

同様の現象はブラジル東北部の半乾燥地帯でも見られました。頻繁な火入れと過放牧によって沙漠化が進んでいる土地で、鋭い棘のあるマッカンビーラというアナナス科の多年生雑草がパッチ状に生えている中に、家畜がよく喫食する雑草や木の芽生えが見られたのです。有害雑草が、家畜の喫食から有用植物を守る事例は、世界各地の半乾燥地帯で時々見かけます。

ところで、裸地に芽生えた雑草は誰でも気づき、抜き取ることが可能です。しかしツワブキ、ヒマラヤユキノシタ、ギボウシ、エビネなど、比較的大きな葉を地表面近くに広げる草花の葉の隙間や下で芽生えたメヒシバ、セイタカアワダチソウなどはよく見逃してしまいます。草花には灌水するし、施肥していることが多いため、見逃された個体はいくぶん徒長気味でも、葉の先が少しでも草花の葉の隙間から出ることに成功すれば、驚くほどに成長し、草抜きしていなかったことに気づくのです。そんな個体は裸地に残した雑草よりはるかによく成長しています。

冷静に考えてみれば、裸地に生えてきた雑草には、その根が張ることで地表面が雨で固まるのを防ぐ効果などもあり、大型でなければあまり気にしなくてよいのです。半面、見逃しがちな草花の中の雑草こそ、草花と競争関係に至る可能性が大きく、気をつけて抜く必要があるのですが、現実はよく目立つ裸地の雑草がまず抜かれてしまいます。

2　雑草を抜いて雑草を植える——汐入方式のすすめ

堤防法面の五つの植生

東京都荒川区立汐入小学校では、二〇一一年から隅田川スーパー堤防の一画で、子どもたちが帰化雑草を抜き取って日本の在来雑草を植え、昔懐かしい日本らしい自然を取り戻す活動を五年生の総合学習に取り入れています。人工的な緑ばかりの東京の下町に住む子どもたちに、日常生活の中で「日本らしい自然」を体験させたいと考えておられた荒川区議の浅川喜文さんが拙著『日本らしい自然と多様性』を読まれ、汐入小学校の長谷川かほる校長と鈴木郁先生を紹介されたのがきっかけで、この自然再生の活動が総合学習に取り上げられることになりました。

活動の場となった河川堤防には、どんな雑草が生えているのでしょうか。関東地方を流れる主要河川の堤防調査にもとづいて、堤防法面の植生は次の五つの型に分類されました[2]。

(1) シバ型

堤防補強や新たに構築する堤防には通例、仕上げにシバを張ります。それが新しい堤防に残っています。古くても年三回以上刈り取られるところや、散歩や自転車で踏みつけられる堤防上部の天端や法肩《のり》にはよく残っています。

(2) チガヤ型

年間の草刈り回数が一～二回だと、チガヤが優占してきます。年二回刈りのチガヤ草地では多くの植物種が共存可能で、在来種の多様性に富んだ、日本の四季を感じることのできる群落も時々あります。しかし通常は在来種でもヨモギ、イタドリなどの大型雑草や、帰化植物のヒメジョオン、セイタカアワダチソウ、オオブタクサ、メリケンカルカヤや、逸出帰化したネズミムギ、オニウシノケグサ、シロツメクサなどの寒地型牧草が混在しています。

(3) オギ・ススキ型

二年に一回程度と草刈り回数の少ない場所には、草丈が一～二メートルにもなるオギやススキが優占してきます。

(4)外来牧草型

ネズミムギやオニウシノケグサなど寒地型の外来牧草が優占する場所です。

(5)広葉型

草刈り回数が少なく、イタドリやカラムシなど大型の広葉雑草が優占する場所です。

河川堤防の植生に求められる機能

河川堤防の植生には、①降雨や洪水による浸食に対して法面を保護する機能だけでなく、今日では②川に沿った地域の環境に配慮した緑地空間を創出することが求められています。雨水や流水による表層土壌の流失を防止する土壌中の根毛量が多いほど、①の機能が大きいことが知られていますが、上記の五つの型の中で、(2)のチガヤ型植生の根毛量が、従来法面に植えつけられてきたシバより多いことが判明しました。またチガヤ型は年二回の刈り取りで維持管理できるため、管理コストがシバ型よりかからず、草丈がシバより伸びるものの(3)のオギ・ススキ型や(5)の広葉型より低いので、堤防点検の際、支障のないこともわかりました。(4)は競争的攪乱依存型の帰化植物で、特定外来生物になる可能性もあり、緑地空間を創生するうえで望ましい植生とはいえません。以上のような理由で最近、チガヤ型植生を堤防に導入することが推奨されるようになりました。

ところで、世界中で問題があるといわれている耕地雑草と水生雑草を合わせた一八種の中で、チガヤは熱帯の果樹園や茶畑、ゴムやオイルパームのプランテーションで強害雑草となるため、七番目にランクされています[3]。汐入小学校の児童は、比較的管理のよいシバ型の堤防法面に、在来雑草と一緒にチガヤを植えていますが、問題はないのでしょうか。

私は次のような理由から、問題はないし、むしろそれをうまく管理すれば暴れ出すことなく、堤防で日本らしい自然を演出してくれると考えています。

①チガヤの分布中心は熱帯か亜熱帯である。日本の在来種でもあるが、北海道石狩海岸以北の冷温帯にはチガヤ型草原はない。南西諸島を除き、日本列島はチガヤにとって最適な気候条件ではないようである。

②チガヤが世界の強害雑草であっても、それが侵入してくるのは、熱帯、亜熱帯で、日本では海岸砂丘に自然草原を形成するほか、田の畦や農道脇などに生えるが、あまり問題になっていない。

③河川堤防に導入されたチガヤは、堤防管理上少なくも年一回は刈り取られるので、チガヤだけが急速に広がることはないと思われる。チガヤの繁殖は刈り取り回数を増やすことで抑えることができる。

④刈り取りの回数や時期を変化させることで、チガヤ型の半自然草原は多様性に富んだ植物群落になる。そのような群落は整備されていない昔ながらの田の畦に残っており、スミレ類、ノアザミ、ゲンノショウコ、ワレモコウ、カワラナデシコ、リンドウ、オミナエシなど、日本人の四季感や感性に大きな影響を与えてきた雑草（野草）が今でも生えている。

整備されたところも、遠くまで移動できる多量の種子を生産するチガヤなら侵入し再び優占することもあります。しかしカワラナデシコ、オミナエシなどは近くに親個体が存在しないばかりか、種子の散布力が劣るため侵入することなく、代わりにヒメジョオン、シロツメクサ、セイタカアワダチソウなどの帰化植物が侵入してきます。

帰化雑草を抜いた跡地に在来種を植える――汐入小学校の実践

河川堤防法面の植生がどんなものか概述しました。それでは汐入小学校ではどんなことをしているのか、その活動に触れてみたいと思います（図5-3）。

子ども時代を福島県の田園地帯で過ごした鈴木郁先生は、自然の緑を欠く都営住宅や高層マンションが立ち並ぶ市街地再開発地で育っている児童たちに、生物多様性に富んだ日本らしい自然を体験できる場をつくれないかと考えていましたが、それを具現化する場が見つかりませんでした。そんな折、堤防法面にチガヤ型草原を再生すれば、自分の望みをかなえられることに気づかれたのです。長谷川校長も賛同し、二〇一一年一月、隅田川堤防の一画一八〇平方メートルを東京都から借用する手続きをとりました。四月一日付で借りることができたので、石浜神社近くの堤防で四隅に杭《くい》を打ってコーナーロープで周囲を囲み、活動場所を設定したのです。

活動場所の法面はよく草刈りされたシバ型の植生でしたが、草刈りを年二回とし、初年度はチガヤが優占するよう刈り取りをしませんでした。五年生の担任だった鈴木先生と私は、まず児童たちを堤防に連れ出して、どんな雑草が生えているかを観察させました。

次に、私が出前授業で、堤防のシバに混じって生えている帰化雑草のセイタカアワダチソウ、シロツメクサ、オオマツヨイグサ、メリケンカルカヤなどを君たちが抜いて、その跡地にチガヤ、ノアザミ、カワラナデシコ、キキョウなどの日本の在来雑草を植えれば、自らの手で、隅田川の堤防に昔は生えていた在来雑草で日本らしい自然を取り戻すことができる、と児童に話しました。

跡地に植える在来雑草は、昔から近くに生えていた個体の子孫であることが、日本らしい自然を再生する条件です。そんな個体はあるのでしょうか。チガヤを除けば残念ながら汐入のスーパー堤防には見当たりませんでした。カワラナデシコやキキョウの種子は、種苗会社で生産していますから購入できます。しかし、それは野生個体を園芸草花として改良したものです。そこで鈴木先生は、植えつける在来雑草の親となる個体の分布範囲を、隅田川（上流は荒川）流域か離れていても関東平野とし、種子を集めることにしました。

幸い、「荒川の自然を守る会」の菅間宏子会長の強力なサポートを得ることができ、荒川流域産のノアザミ、ツリガネニンジン、ワレモコウなどの苗や種子を入手できたのです。また、埼玉県生態系保護協会からも、カワラナデシコやカワラサイコの種子を分けてもらいました。

提供していただいた種子は、混入していた夾雑物《きょうざつぶつ》を児童がていねいに取り除き、紙封筒に入れ冷蔵庫に保管しました。赤玉土、シバの目土、腐葉土をよく混ぜて培養土をつくり、そこにしばらく保管しておいた種子を播き、多くの芽生えを得ることができたのです。児童は鈴木先生の指導で、芽生え

図 5-3　汐入小学校の実践
（写真はすべて汐入小学校提供）
❶東京都から借り受けた隅田川スーパー堤防の一画、実践フィールド 180m^2。1 m^2 のマス目になるようロープを張り、中央に木製看板を立てた　❷1 m^2 を２人１組で定点観測。植物の様子をワークシートに記入していく　❸生えている雑草をていねいにスケッチ　❹２回の定点観測の後、違いをワークシートに記入し、帰化雑草を手で抜き取った

6

5

❺カワラナデシコの莢から種子を取り分け、種播きの準備　❻発芽したカワラナデシコ　❼発芽したノアザミ　❽ピンセットを使って、苗をセルポットに１株ずつ移植。ポットの苗は水やりが難しく、乾燥して枯らしたり、水をやりすぎて根が腐ったり、失敗をくり返した　❾帰化雑草を抜き取ったあとに、育てた苗を植える　❿子どもたちが在来種を植えている様子　⓫移植したカワラナデシコ（左）とノアザミ（右）が咲いた

7

9

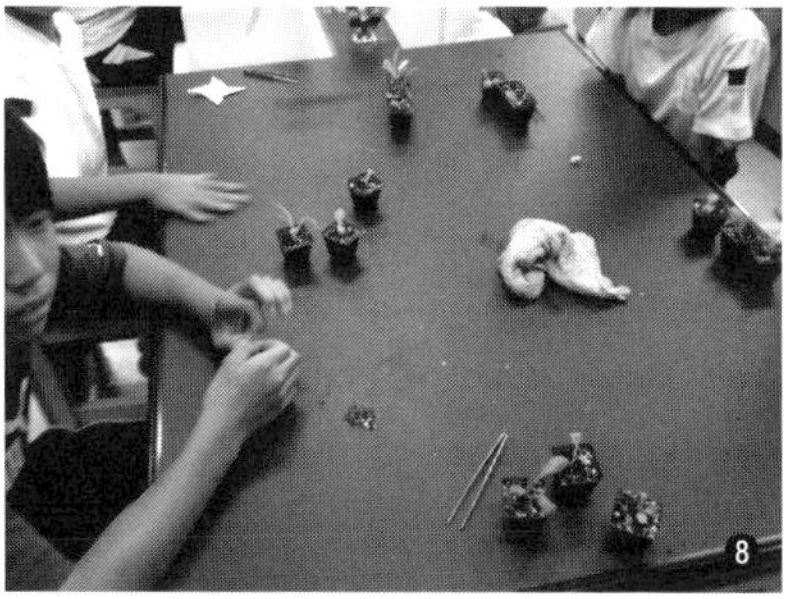

8

11

10

をセルポットに移植し、堤防法面に植えつける準備をしました。しかしすべてがはじめての経験で、ポットに入れた土が少ないとか、水のやりすぎで根が腐るなど、何度も失敗をくり返しました。それでも五年生すべての児童が植えつけるだけの苗は確保できました。

翌二〇一二年六月、堤防法面に生えていた帰化雑草を二代目の五年生児童が抜き取った後、まず教師やボランティアの皆さんにカワラナデシコ、ツリガネニンジン、ノアザミ、茨城県つくば産のキキョウを移植してもらい、移植のコツを覚えてもらいました。

二回目の移植は一〇月でした。五年生の担任教師の指導のもと、児童自らノアザミ、キキョウなどの苗を移植するところまでこぎつけたのです。引き続き二〇一三年も三代目の五年生が帰化雑草の抜き取りと、カワラサイコ、カワラナデシコ、利根川産のチガヤなどの移植を行っています。

帰化雑草の蔓延を防止する目的で、セイタカアワダチソウ、オオブタクサ、オオキンケイギクなどの個体を抜き取る活動は、日本各地で行われています。しかし毎年続けてもなくならないのが現状です。汐入小学校では、児童が堤防の帰化雑草を抜き取った跡地に、児童自らが小学校で育ててきた、日本の四季を感じるような在来雑草の苗を植えこみ、跡地の裸地をカバーすることにしたのです。帰化雑草の抜き取りと在来雑草の植えつけを一体化した新しい試みなので、それを「汐入方式」と呼ぶことにしました。

何も生えていない裸地を在来雑草で覆うのなら、さまざまな在来野草の種子を混播するのがよいでしょう。しかし、草が生えている場所は、草刈り直後は地表面まで十分光が届いても、そこは間もなく周囲の草で覆われてしまうのが一般的です。また多くの種子を生産する、あるいは初期成長の早い帰化雑草が先に侵入・定着してしまう確率が高いのです。しかし、田植えが、イネと強害雑草のタイヌビエとの競争でイネを有利に導くのと同様に、在来雑草を苗まで育てて移植すれば、新たに発生してくる帰化雑草との競争に勝ち抜くことができるのです。ただし、すべての在来種の苗が簡単に活着してくれるわけではありません。

兵庫県立大学の澤田佳宏さんたちは、帰化雑草で覆われた造成斜面で半自然草原を創出する試験を行っています。[4] 試験では、セイタカアワダチソウを抜き取っていますが、近隣に生えているノアザミ、ウツボグサ、ヤマハッカなど在来の草原性植物は侵入せず、メヒシバ、ヨモギ、エノコログサ類、ヒメムカシヨモギなどが増えたといいます。また、草原性植物の導入に関して、一年目は一枚の根生葉《こんせいよう》しかつけないツリガネニンジンは、植えつけた苗は定着しても、播種した個体は芽生えても定着できないと報告しています。

図５−４　石浜神社の「茅の輪」
いずれ汐入の小学生が育てたチガヤでつくるのも夢ではないだろう

汐入小学校では「汐入方式」を特色ある総合学習の一つに位置づけ、これからも五年生児童が日本らしい自然を感じることのできる堤防づくりに取り組む予定です。堤防づくりの活動は大変地味でも、継続していけば年を追って理想的なものに近づくでしょう。日本各地の学校で、第二、第三の鈴木郁先生が現れることを願っていますが、それだけでは不十分です。校長先生はじめ学校が一丸となって取り組む姿勢が大事であり、それがやがて地域にも広がり、支援を得られるようになるでしょう。汐入の小学生が育てたチガヤで、堤防脇の石浜神社が夏越しの祓いをするための「茅の輪」(図5-4)をつくるのも夢ではありません。

3　東日本大震災の復興で日本らしい自然を再生する

身近で誰でも活動できる場所を求めて

戦後、日本列島ではダム建設や高速道路、新幹線網の新設が相次ぎ、奥山の自然地域から、わが国固有の生物が急速に消失しました。加えて里地・里山や田園地域でも、農地の基盤整備や農薬散布と、近年は農村人口の減少や高齢化による農業の放棄によって、多くの半自然を構成していた固有種が失われています。このような背景のもと二〇〇八年六月、わが国でも生物多様性基本法が施行され、二〇一〇年から生物多様性国家戦略を展開しています。

私は一九九〇年代からブラジルのセラード地域で、大規模な農地開発にともなう植物多様性の保全や、中国浙江省の水田地帯の植物多様性を調査してきました。国内でも千葉県内の谷津田をフィールドに、学生たちとその植物多様性のメカニズム解明や保全活動に取り組んできました。このような場所の共通点は、文化的あるいは歴史的な背景がある個人の所有地であり、狭い範囲でも生物多様性を減少させている要因はさまざまで、きめの細かい配慮が必要なことです。そのため多様性が豊かだった昔の状態に戻す活動は困難をきわめ、その大切さを認めた地方公共団体などの公的機関が買い上げたり、管理を行うこともしばしばです。

私は、できるだけ多くの人が自身の手で、昔ながらの在来植物の多様性に富んだ半自然を再生することを望んでいます。その半自然を、「日本列島という地域と、そこに古代から住みつき自然と共存してきた日本人との間にかもし出される特性」を発揮できる、「日本らしい」景観の広がる場所にしたいのです。

一定の手続きを踏めば誰でも活動ができる、生物多様性に富む日本らしい自然を取り戻すことができる身近な場所はないか探していたとき、研究室の学生だった田口正訓君が私のもくろみにふさわしい河川堤防を紹介してくれたのです。

二〇〇八年の春、田口君の紹介してくれた千葉県柏市の利根川堤防法面はアマナ、ツボスミレ、クサボケ、カントウタンポポ、ウマノアシガタ、ミツバツチグリ、ノアザミの咲くホットスポットでした（**図5–5**）。そこで私は堤防法面の群落構造を調べるかたわら、友人の故三武庸男さんや当時国土交通省におられた竹歳誠さんを通して当時の河川環境管理財団（現・河川財団）の鈴木藤一郎理事長を紹介してもらいました。そして、私のもくろみは、現場に赴かれた鈴木理事長の賛同を得ることが

図5-5　千葉県柏市の利根川堤防の在来雑草のホットスポット
アマナ、ツボスミレ、クサボケ、カントウタンポポ、ウマノアシガタなどの在来雑草が数多く残っている（上）。試験区では在来雑草の種子を採集するために、周囲より刈り取りを幾分遅らせ、種子が熟すのを待っている（下）

できたのです。

財団では二〇一〇年から調査研究事業として、適切な堤防の除草管理で維持可能な、生物多様性に富んだ堤防植生を創出、あるいは保全するための緑化事業の開発を開始しました。開発を円滑に行うための研究会は、生態緑化技術（Eco-Friendly Green Technology）の頭文字をとってＥＦＧＴ研究会と呼んでいます。

私の考える日本らしい自然を再生するうえで、河川堤防には次のようなさまざまな利点があります。

①上述の柏市の利根川堤防のような、在来のきれいな花を毎年咲かせるホットスポットといえる堤防法面群落が、面積は狭いけれども全国各地に残っている。

②チガヤが優占する①の群落は、年二回（五月と九月）刈り取りという、現在広く行われている管理下で成立する。

③河川堤防は全国共通の基準で築堤され、その傾斜角度は二〇度前後であり、小・中学生でも帰化雑草の抜き取りや在来雑草の植えつけなどの活動が可能である。

④堤防に日本らしい半自然を再生するための、地方固有のモデルとなるホットスポットがまだ存在している。その群落構造と刈り取り管理との関係を明らかにすることで、新たに造成する植物の多様な再生植生を維持管理するためのマニュアルづくりが可能である。

⑤いったん植生が再生できても、草刈り、刈り草の収草などの維持管理を継続実施しないかぎり、「日本らしさ」は維持できない。河川堤防では当該団体が、その植生を責任をもって管理できる任意

の広さに限り借用しやすい。
⑥生物多様性に富む堤防法面植生は、河川に求められる生態系サービス機能を発揮できる。人々はそこで楽しみながら環境について学ぶことができ、在来雑草のつくり出す自然や景色は、原風景として心に残るとか、草花で遊んだことが思い出となるのに一役かうことができる。

被災堤防で始めた七草プロジェクト

ＥＦＧＴ研究会の活動を開始して間もない二〇一一年三月一一日、未曽有の東日本大震災が発生し、東日本の各地で多数の河川堤防が被災しました。帰化植物の多い被災堤防を復旧する際、その一画をいっそのこと思いきってチガヤと秋の七草などの在来雑草を導入し、日本らしい自然として再生してはどうかと考えた私は、早速、柏市の利根川堤防を視察したことのある当時の国土交通省河川局の関克己局長に話してみました。震災復旧事業で多忙きわまるなか、関局長の計らいで、地域との協働により被災した堤防に地域の在来種を植栽していくという「七草プロジェクト」を、利根川と宮城県中部の鳴瀬川で立ち上げることになりました。

利根川は、被害の大きかった下流域の堤防に近い、千葉県香取市立佐原中学校の二年生全員（一八九人）が参加して、被災堤防の一画で実験的な取り組みを開始しました（**図5-6**）。二〇一二年七月、第一回のワーキングを開催。利根川では「七草堤防プロジェクト」と銘打って、利根川下流河川事務所と河川環境管理財団（現・河川財団）を事務局として、堤防に植えつける在来雑草の種子採集と苗づくりからスタートしました。チガヤのほかに、コウゾリナ、ノアザミ、ノコンギク、ツリガネニンジン、カントウタンポポ、ワレモコウ、ツルボ、カワラナデシコの苗を利根川産の種子を用いてつくりました。種子の採取や日ごろの苗の水やりなどは科学部の生徒が行い、その苗を二年生全員で二〇一三年五月三一日、被災堤防の一画五八五平方メートルのエリアに植えつけたところです。

香取市の七草堤防プロジェクトは、堤防を在来雑草のきれいな花が四季を通して咲く、生物多様性

図5-6　千葉県佐原中学校での七草堤防プロジェクト
堤防に植える在来雑草の種子採集と苗づくりからスタートした

図5−7　谷津田脇の草地で咲くオミナエシ
苗づくりや種子採集に協力してくれた菅野洋さんと土地所有者の早坂均さん

の豊かな、地域住民が愛着をもてる場とし、また子どもたちの環境教育の場としても活用することを目指しています。

鳴瀬川は多数の堤防が被災しましたが、北上川下流河川事務所がかかわってきた宮城県大崎市松山の下伊場野《しもいばの》水辺の楽校協議会を通して、下伊場野小学校の児童全員が参加して、被災した堤防の植物観察から始めました。

二〇一三年は在来種を「育ててみよう」ということで、友人の平吹喜彦東北学院大学教授たちと鳴瀬川の上流域の谷津田で探しあてた、秋の七草のキキョウ、カワラナデシコ、オミナエシを堤防法面に植えつけました。平吹教授の教え子である菅野洋さんと、七草の生えていた谷津田近くに在住の早坂均さんにご協力いただき、種子採集や苗づくりを行うことができました（**図5−7**）。地域の皆さんのボランティア活動に感謝しています。これからの堤防の再生が楽しみです。

4　街中に雑草公園をつくって生物多様性を保全する

日本には、雑草類を含め四〇〇〇種以上の在来草本植物が生育しています。熱帯産のカトレアや乾燥地帯に生えるサボテン類のような華やかさに欠ける種が多いのですが、スミレ、タンポポ、アザミ、カワラナデシコ、ワレモコウなど、昔から日本人の愛でてきた人里植物を含む雑草はいくらでもあります。

華やかさに欠けても、植物の豊富な日本らしい自然は、それに何度も接していると日本人の心に潜んでいるこまやかな美的感覚が再び呼び起こされることでしょう。「日本らしい自然」のよさを体得するには、子どものころから日常生活の中で幾度も接することが大切です。子どもたちに、在来雑草の花の美しさを体験し、感じ取ってもらう場が必要なのです。

私は河川堤防の法面だけでなく、第1章で触れたように、①在来植物（雑草）による植生の再生、②生態学の諸原理にもとづく、③周囲の景観に調和する、という三つのルールに沿ったエコ・フレンドリー・グリーン・アートの構想によって、街中に雑草公園をつくれないかと考えています。雑草の生える試験的な空間は東京駅の日本橋口前につくりましたが、試験空間に対する人々の印象は好悪半々でした。

先述しましたが、ニュージーランドの環境緑化に詳しい林まゆみによれば、ニュージーランドでは生物多様性を目指す街づくりの中で、自生種による緑化が広く推奨されているようです。オークランドの街中にある、シダなどの自生植物を植栽した一画の形態（第1章図1―13）が、私のつくった東京駅前の野草花壇とあまりに似ているので驚いたくらいです。

また、オレゴン州ポートランドは、アメリカ有数の環境先進都市として知られています。友人の服部勉・東京農業大学准教授より研修中のポートランドから連絡をもらい、二〇一三年五月の連休明けに私も行くことにしました。現地では毎日、服部さんのガイド付きで街中や郊外をくまなく見学することができました。本当に感謝しています。ウィラメット川沿いに広がるポートランド市は、緑の多いとても住みやすい街という印象でした。都市公園も多く、市の南東部には衛星都市のグレシャムを結ぶ環状約六五キロメートルの自転車と歩行者の専用道路があります。在来植物を押しのけるように生えていた帰化植物のヒマラヤブラックベリーなどを専用道路周辺の緑から排除し、野生生物の生育地にする計画も進んでいます。

ポートランド市街の北西部で、一九世紀後半から湿地や沼を埋め立ててつくった倉庫や貨物列車の引きこみ線のあった跡地に、「持続可能な公園設計と管理の実験」として、アトリエ・ドライザイテルはタナースプリンクス公園をつくりました。公園のオレゴンオーク、ハンノキ、カエデのまばらな林は在来種であり、その間には丈の高いイネ科の在来雑草を植栽してあります。イネ科雑草だけを見れば手入れの悪い公園のようですが、公園全体は周囲の景観に調和しており「美しい小さいオアシス」と呼ぶ人もいます（図5―8）。

タナースプリンクス公園を見て感じたのは、植栽した在来雑草が、手入れを放棄したヤブのように

図5-8　米オレゴン州ポートランド市のタナースプリンクス公園
在来雑草を中心に植栽してあり、一見手入れが悪そうだが、公園全体は周囲の景観に調和しており、市民の憩いの場となっている

見えないためには、ある程度以上の広さが必要なことと、イネ科雑草や広葉雑草の配置や全体に占める割合について吟味することの大切さでした。東京駅前の野草花壇ももう少し広ければ見栄えがするとの指摘は確かなようです。

日本でも、東京都内を走る小田急線が下北沢付近で地下に潜った跡地を利用して、自生していたススキ、イタドリ、ホタルブクロなどを再び植栽して、昔懐かしい公園をつくりたいと考えている人がいます。

二〇一三年九月、二〇二〇年東京オリンピック・パラリンピック開催が決まりました。誘致のキャッチフレーズに「おもてなし」という言葉がありましたが、私は是非七年後に、河川堤防や街中で咲く日本在来の雑草（人里植物を含む）の可憐な花でもてなせるようになってほしいと思います。

花で国土を飾るというイベントは幾度となくくり返され、若い人々もよく部屋などに花を飾るようになりましたが、その多くは大きくて色鮮やかな園芸草花です。例えば秋になればテレビ放送がこぞって取り上げるメキシコ原産のコスモスにまでこの傾向が見られます。

コスモスは一九三五（昭和一〇）年、新・秋の七草の一つとして菊池寛が選んだ草花です。菊池はコスモスが異国の花であることは知っていましたが、「我らが背丈よりも高いのがもり（杜）のようにむらがったのが嵐に吹き倒され、素直に折れたあたりにまた新しい根を生じて弓なりに起き直って、花を多く咲きほこっているなどは、一段とあはれの深いものである(5)」といい、そのしおらしさやいじらしさから新・秋の七草に推奨しました。

ところが最近のコスモス畑で咲く花は、草丈はかなり低く、がっしりしていて、しかも昔にくらべ花が大きくなったのに驚かされます（**図5−9**）。管理しやすく、花のより大きく美しくなった現代のコスモスを見たのなら、菊池は新・秋の七草に選ばなかったでしょう。

そして、昭和一〇年ころなら日本中どこに行っても秋の七草は咲いていました。しかしさびしいことに現代は、本物の七草といえば、クズとススキやハギ以外ほとんど目にすることはありません。

図5−9　現代のコスモス
草丈が低く、花が大きい（提供／山田晋氏）

私はオリンピック・パラリンピックが始まったら、一斉に園芸草花で日本中を飾りたてるというのではなく、日常生活の中で一般市民が自らの手で在来雑草（野草）の花を道路の植桝に植えたり、駅のトイレに生けるのが自然の姿になってほしいのです。

七年くらいの歳月をかけ、歩みはのろくても子どもから大人までが、各地にまだ残っている在来種の親株から種子をとり、地域内で育てることは、遺伝子の多様性まで考慮した生物多様性の保全に寄与するだけでなく、日本人の心を豊かなものにするに違いありません。

秋の隅田の堤防に
子どもの植えた七草が
キキョウ、ナデシコ、オミナエシ
もて成す心ここにあり

おわりに

本書では、まず日本人が長い間かかわってきた身近な半自然（生態系）を「日本らしい自然」としてとらえ、その主役となる雑草の生きざまや雑草社会の仕組みについて概述しました。次に近年、外来雑草によって日本らしからざるものになっている「日本らしい自然」の現状を指摘したのです。ではどうすれば、長い歴史をかけてつくり上げてきた貴重な半自然を取り戻すことができるのでしょうか。最後に、できるだけ多くの皆さんが、誤ることなく半自然の再生と取り組んでいくために、参考にしていただきたいいくつかの実践例を紹介しました。

日本も近年はエコロジーブームですが、それはエコノミックな視点からのエコが多いようです。とりわけ企業の取り組んでいるエコは、企業のイメージアップによる営業利益の向上に結びつけるものとか、エコにかかわる商品の開発ばかりです。そのようなエコ行為はそれがはたす生態系での位置づけについて十分吟味されていないものが多いようです。

例えば里山や河川堤防に行って、「草刈り」（草刈りは本書で述べたとおり、その時期や、高さ、回数によって、その効果は著しく変化します）をすることに関心はあっても、その結果にはほとんど興味がないようです。また、キキョウ、カワラナデシコ、オミナエシなど在来雑草（人里植物）のうち、花の美しく、栽培しやすい系統を選抜し、園芸草花として商品化するなどです。

多くの皆さんが日本在来雑草の可憐な美しさに気づいてくれることを望む半面、安易な日本らしさを求めて園芸草花化した在来種の種子による「緑花」が各地で始まれば、地域のわずかに残った在来種との交雑などで、日本在来雑草の遺伝子構成は著しく攪乱され、取り返しのつかないものになってしまうでしょう。

在来植物（雑草）は地域らしさのシンボルとして、地域の皆さんが地域内で育て、自然再生することに意義があり、これこそがエコロジカルなエコではないでしょうか。

本書は図表や写真をお借りした人を含め、登場していただいたすべての方々の協力がなければ完成しませんでした。とりわけ、私の考えているエコロジカルな日本らしい自然の再生がようやく軌道に乗ってきたのは、東京駅前の野草花壇づくりなど、ともにさまざまなプロジェクトを推進してきた中学時代からの親しい友人である故三武庸男君、そして河川財団（関克己理事長）と、荒川区立汐入小学校（長谷川かほる校長）の多くの皆様のささえがあったからです。心より感謝申し上げます。

最後になりましたが、雑草社会の仕組みや、近年取り組んでいる日本らしい自然再生の事例について書く機会を与えていただき、きめ細かい編集をしていただいた築地書館の橋本ひとみさんに心よりお礼申し上げます。

二〇一三年一一月

根本正之

引用文献

はじめに

（1）須賀丈＋岡本透＋丑丸敦史（二〇一二）『草地と日本人―日本列島草原1万年の旅』築地書館
（2）盛本昌広（二〇一二）『草と木が語る日本の中世』岩波書店
（3）曳地トシ＋曳地義治（二〇一一）『雑草と楽しむ庭づくり―オーガニック・ガーデン・ハンドブック』築地書館

第1章

（1）根本正之（二〇一〇）『日本らしい自然と多様性―身近な環境から考える』岩波ジュニア新書654　岩波書店
（2）山田晋＋北川淑子＋大久保悟（二〇一二）谷津景観における異なる空間階層の植物種分布パタンが景観スケールの種多様性に及ぼす影響　日本造園学会誌七五（五）四二三―四二六
（3）和辻哲郎（一九七九）『風土―人間学的考察』岩波文庫　岩波書店
（4）加用信文（一九七二）『日本農法論』御茶の水書房
（5）柳田国男（一九六二）『野草雑記・野鳥雑記』角川文庫　角川書店
（6）三井秀樹（二〇〇八）『かたちの日本美―和のデザイン学』ＮＨＫブックス　日本放送出版協会
（7）林まゆみ（二〇一〇）『生物多様性をめざすまちづくり―ニュージーランドの環境緑化』学芸出版社

（8）山本紀久（二〇一二）『造園植栽術』彰国社

第2章

（1）中尾佐助（一九七六）『栽培植物の世界』中央公論社
（2）笠原安夫（一九七七）雑草性と起源および日本雑草の原産地　遺伝三一（一一）二一一〇
（3）沼田真＋吉沢長人編（一九七八）『新版（改訂）日本原色雑草図鑑』全国農村教育協会
（4）伊藤操子（一九九三）『雑草学総論』養賢堂
（5）松中昭一（一九九九）『きらわれものの草の話―雑草と人間』岩波ジュニア新書321　岩波書店
（6）笠井幹夫＋井上隆根（一九三四）線路雑草に関する調査報告　業務研究資料二二巻九号一―一七　鉄道大臣官房研究所
（7）日本鉄道技術協会（一九八二）効果的な線路除草に関する研究報告　昭和56～57年度　本社委託研究報告
（8）Eriksson（2000）Seed dispersal and colonization ability of plants Folia Geobotanica 35：115-123
（9）沼田真編（一九五九）『生態学大系第I巻　植物生態学』古今書院
（10）van der Reest, P. J. & Rogaar, H.（1988）The effect of earthworm activity on the vertical distribution of plant seeds in newly reclaimed polder soils in the Netherlands Pedobiologia 31：211-218
（11）鷲谷いずみ（二〇〇三）『生態学辞典』（巌佐庸＋松本忠夫＋菊沢喜八郎＋日本生態学会編集）二三九―二四〇頁　共立出版社
（12）中越信和（一九八一）「5　森林の下の土に埋もれている種子群」（沼田真編『種子の科学―生態学の立場から』一〇一―一二四頁）研成社

第3章

（1）大迫元雄（一九三七）『本邦原野に関する研究』興林会
（2）猶原恭爾（一九六五）『日本の草地社会』養賢堂
（3）伊藤秀三（一九七三）「2　草地植生の構造と機能」「4　遷移」（嶋田饒＋川鍋祐夫＋佳山良正＋伊藤秀三共著『生態学研究シリーズ5　草地の生態学』七四―九二頁）築地書館
（4）岩瀬徹＋大野景徳（一九七七）『雑草たちの生きる世界』よつば新書　文化出版局
（5）岩波悠紀（一九八八）「火入れによる撹乱」（矢野悟道編『日本の植生―侵略と撹乱の生態学』一一一―一二八頁）東海大学出版会
（6）中越信和＋根平邦人（一九八二）アカマツ林の山火跡地における植生回復、Ⅲ　広島大学生物学会誌四八：七―一六
（7）Grime, J. P.（1998）Benefits of plant diversity to ecosystems : immediate filter and founder effects J. of Ecology 902–910
（8）Monsi, M. und Saeki, T.（1953）Über den Lichtfaktor in den Planzengesellschaften und seine Bedeutung für die Stoffproduktion Jap. J. Bot., 14 : 22–52
（9）Boysen-Jensen, P.（1932）Die Stoffproduktion der Planzen G. Fisher, Jena
（10）岩城英夫（一九七一）『生態学への招待3　草原の生態』共立出版
（11）沼田真（一九五五）竹林の群落構造と遷移―竹林の生態学的研究　第1報　千葉大学文理学部紀要一：二二一―二三四
（12）Nemoto, M. & Mitchley, J.（1995）Weed species diversity and its conservation value Proceeding 1 of 15th

APWSS, 394-399
（13）林一六（二〇〇三）『植物生態学―基礎と応用』古今書院
（14）中村俊彦（一九九五）「9　雑草群落の遷移」（大沢雅彦＋大原隆一編集『生物―地球環境の科学―南関東の自然誌』九〇―九四頁）朝倉書店
（15）岩瀬徹（一九七八）「田畑や休耕地の群落」（沼田真編『植物生態の観察と研究』五六―七五頁）東海大学出版会
（16）根本正之編著（二〇〇六）『雑草生態学』朝倉書店

第4章

（1）水谷知生（二〇〇八）「第1章　外来種対策と外来生物法」（日本農学会編『シリーズ21世紀の農学　外来生物のリスク管理と有効利用』一―一八頁）養賢堂
（2）千葉県生物学会編（一九七五）『千葉県植物誌』井上書店
（3）榎本敬（二〇一一）外来雑草が増加し、在来雑草が絶滅危惧種に　日本雑草学会創立50周年記念シンポジウム講演要旨　一一―一六
（4）森田竜義編著（二〇一二）『帰化植物の自然史―侵略と攪乱の生態学』北海道大学出版会
（5）前川文夫（一九四三）史前帰化植物について　植物分類地理一三：二七四―二七九
（6）玉田勝也＋伊藤一幸＋中島雄（二〇一三）江津湖における特定外来生物ボタンウキクサの越冬　雑草研究五八（別）八二
（7）（社）道路緑化保全協会関東支部自主調査研究委員会編著（一九九〇）『ワイルドフラワーによる緑化の手引―花による空間演出』（社）道路緑化保全協会

（8）清水建美編（二〇〇三）『日本の帰化植物』平凡社
（9）Grime, J. P.（1979）Plant strategies and vegetation processes John Wiley & Sons, Ltd.
（10）三浦励一（二〇〇七）「第4部　雑草を究める　雑草の生活史戦略の多様性をどうみるか」（種生物学会編『農業と雑草の生態学―侵入植物から遺伝子組換え作物まで』二七五―二九五頁）文一総合出版
（11）吉田光司＋金澤弓子＋鈴木貢次郎＋根本正之（二〇〇九）種子発芽特性からみたナガミヒナゲシの日本の生育地　雑草研究五四（二）：六三―七〇
（12）吉田光司＋根本正之＋鈴木貢次郎＋藤井義晴（二〇〇八）日本列島におけるナガミヒナゲシの生育地の拡大　雑草研究五三（三）：一三四―一三七
（13）芝池博幸＋森田竜義（二〇〇二）拡がる雑種タンポポ　遺伝五六（二）：一六―一八
（14）小川潔（二〇一三）『日本のタンポポとセイヨウタンポポ』丸善出版
（15）小瀬憲人（二〇〇八）昭和記念公園内におけるタンポポ属植物の分布と生育環境について　造園学論集一四（東京農業大学）：三〇三―三〇六
（16）山野美鈴＋芝池博幸＋井手任（二〇〇四）雑種タンポポの花粉生産および頭花の形態的特徴　日本植物分類学会第3回研究発表会要旨　三五頁
（17）服部保（二〇一一）『図説生物学30講　環境編1　環境と植生30講』朝倉書店
（18）斎藤達也＋大窪久美子（二〇〇六）外来植物オオキンケイギク *Coreopsis lanceolate* の定着した半自然草地の種組成および群落構造と遷移状況　ランドスケープ研究六九（五）：五四一―五四四
（19）大澤剛士＋赤坂宗光（二〇〇七）特定外来生物オオハンゴンソウ（*Rudbeckia laciniata L.*）が6月の刈り取りから受ける影響―地下部サイズに注目して　保全生態学研究一二（二）：一五一―一五五
（20）大澤剛士＋赤坂宗光（二〇〇九）特定外来生物オオハンゴンソウの管理方法―引き抜きの有効性の検討　保全生

態学研究一四（一）：三七—四三
(21) 狩山俊悟（一九八七）帰化植物とは　岡山県の帰化植物　倉敷市立自然史博物館：一—八

第5章

(1) 新山恒雄＋沼田真（一九六二）作物と雑草との競争　第二報、オカボの播種期と雑草害の関係　日本生態学会誌一二（三）：九四—一〇〇
(2) 戸谷英雄＋瀬川淳一（二〇〇七）4、河川の維持管理に関する調査研究　（1）外来種の取扱いを考慮した堤防の植生管理に関する研究　河川環境総合研究所報告第一三号：一五三—一六九
(3) Holm, L., Plucknett, D., Pancho, J. & Herberger, J.（1977）The world's worst weeds-distribution and biology The University Press of Hawaii
(4) 澤田佳宏＋藤原道郎＋首藤健一（二〇一三）外来種で緑化された造成斜面における半自然草原創出の試行　日本生態学会第60回大会講演要旨　三三六頁
(5) 有岡利幸（二〇〇八）『ものと人間の文化史　秋の七草』法政大学出版局

【タ行】

索　引

【A～Z】

【ア行】

著者紹介
根本正之（ねもと・まさゆき）
1946年、東京生まれ。
東北大学大学院農学研究科修了。農学博士。専門は植物生態学。
農林水産省農業環境技術研究所、東京農業大学地域環境科学部教授を経て、現在、東京大学大学院農学生命科学研究科・附属生態調和農学機構特任研究員、東京農業大学客員教授。
現代の身近な自然は外来雑草（植物）で満ちあふれている。子どものころ、多摩川の土手で見たような「日本らしい自然」の主役であった在来雑草のよさを、多くの人に知ってほしいという思いから、「日本らしい自然」を再生する活動を各地で実施している。趣味は野生植物の観察と栽培。旅先でも通勤途中でもつい植物に目がいってしまう。
著書に、『日本らしい自然と多様性』『砂漠化ってなんだろう』（ともに岩波ジュニア新書）、『砂漠化する地球の診断』『雑草たちの陣取り合戦』（ともに小峰書店）、『雑草生態学』（編著、朝倉書店）、『環境保全型農業事典』（共編、丸善）などがある。

雑草社会がつくる日本らしい自然

2014年3月10日　初版発行

著者　根本正之
発行者　土井二郎
発行所　築地書館株式会社
〒104-0045
東京都中央区築地7-4-4-201
☎03-3542-3731　FAX 03-3541-5799
http://www.tsukiji-shokan.co.jp/
振替00110-5-19057
印刷製本　シナノ印刷株式会社
装丁　吉野　愛

 ISBN978-4-8067-1472-9